AF603411

ENTRETIENS FAMILIERS

D'UN INSTITUTEUR AVEC SES ÉLÈVES

SUR LES

INSECTES NUISIBLES

I

A LA MÊME LIBRAIRIE :

Cours élémentaire et supérieur de langue française, par MM. *L. C. Michel*, professeur de langue et de litérature française à l'école municipale Turgot, à Paris et *J. J. Rapet*, inspect. de l'instruction primaire, à Paris, chevaliers de la Légion d'honn ur.

COURS ÉLÉMENTAIRE.

Nouvelle édition, entièrement refondue et augmentée d'un très-grand nombre d'exercices, 3 vol. dont chacun peut être acquis séparément, savoir :

Livre du maître. — Guide pour l'enseignement de la langue. Exposé des leçons, devoirs, exercices et corrigés de syntaxe et de conjugaison, 4e édition. 1 fort vol. in-12. Prix cart. 3 »

Livre de *l'élève*. — 1° *Grammaire*, 4e édit. 1. vol., in-12. Prix, cart. » 50

2° *Exercices et Devoirs* de syntaxe et de conjugaison, 4e édition. 1 vol. in-12. Prix, cart: » 80

Ce cours est approuvé par LL. Em. les cardinaux archevêques de Bordeaux, et de Reims. et par Mgr l'archevêque de Paris.

COURS SUPÉRIEUR.

— *Livre du maître*, 1 fort vol. in-12 Prix cart. 4 »

— *Livre de l'éléve*, 1° Grammaire. 1 vol. in-12. Prix, cart. 1 »

2° Exercices et devoirs. 1 vol. in-12. Prix, cart. 1 50

Cet ouvrage, rédigé d'après les idées du P. Girard, et conformément aux principes exposés dans le *Bulletin de l'instruction primaire*, se divise en deux parties, l'une pour le maître, l'autre pour l'élève.

La *partie du maître* ne contient pas seulement le Corrigé des Exercices à faire faire aux élèves: elle constitue un *guide du maître pour l'enseignement de la langue*, et montre comment on peut faire servir cet enseignement au développement intellectuel et moral des enfants. Chaque leçon contient, outre l'exposé du sujet, la manière de faire la leçon et d'interroger les élèves, avec les exercices et les devoirs à leur donner sur le sujet de cette leçon et sur ceux des leçons précédentes.

La *partie de l'élève* se compose de deux volumes : l'un comprenant une *grammaire* encore plus simple et plus eourte que celle de Lhomond ; l'autre renfermant des exercices extrêmement variés et en nombre assez considérable pour suffire à tous les besoins de l'enseignement dans les écoles. Ce ront à la fois des exercices de conjugaison et d'analyse, et des exercices sur toutes les parties du discours et sur la syntaxe.

Études sur la signification et la propriété de l'expression, ou *Cours complémentaire de grammaire et de langue française.*

Livre du maître. 1 vol. in-18 jésus. Prix, cart. 2 50

Livre de l'élève. 1 vol. in-18 jésus. Prix, cart. 1 50

Paris. — Imprimerie de E. Donnaud, rue Cassette, 9.

ENTRETIENS FAMILIERS

D'UN INSTITUTEUR AVEC SES ÉLÈVES

SUR LES

INSECTES NUISIBLES

PAR

M. A. YSABEAU

PREMIÈRE PARTIE

INSECTE NUISIBLES AUX RÉCOLTES ET AUX JARDINS.

PARIS

DEZOBRY, E. MAGDELEINE ET Ce, LIBRAIRES-ÉDITEURS

RUE DES ÉCOLES, 78

(près du Musée de Cluny et de la Sorbonne)

1860

Toutes nos éditions sont revêtues de notre griffe.

Ch. Dezobry, E. Magdeleine et Cie

PRÉFACE.

De tous les moyens d'instruction à l'usage de la jeunesse, la lecture est, sans contredit, l'un des plus féconds et des plus efficaces.

Mais pour cela, les livres destinés aux jeunes gens doivent, ce nous semble, remplir trois conditions indispensables :

Il faut qu'ils soient à leur portée ;

Il faut qu'ils les intéressent et les attachent, en parlant à leur intelligence et à leur cœur ;

Il faut qu'avec ces germes de développement intellectuel et moral, ils leur offrent encore les connaissances qui leur sont utiles dans le cours de la vie, et dont ils puissent dès a présent entrevoir et sentir les avantages.

Nous avons cherché à réunir ces trois conditions essentielles dans la collection que nous nous proposons d'offrir aux écoles et aux familles.

La première série de cette collection, dont fait partie l'ouvrage que nous publions aujourd'hui, a pour objet la connaissance de la nature, et plus particulièrement celle des êtres qui, par leur aspect et leur mode d'existence sont les premiers à appeler l'attention des enfants, tout en fixant plus tard celle des hommes, à cause de l'utilité qu'ils en retirent ou des dommages qu'ils en éprouvent.

Le premier volume, que nous publions en deux parties pour en faciliter l'acquisition, traite des insectes nuisibles aux plantes, aux animaux et aux hommes, et des moyens de se préserver de leur atteinte.

Le second comprend les insectes utiles et les services que l'on peut en retirer.

Les volumes suivants compléteront successivement le cadre de cette série.

Aux notions pratiques d'économie domestique, rurale

et industrielle renfermées dans ces entretiens, viennent se rattacher les instructions variées que le sujet comporte et facilite, pour intéresser les jeunes gens, les former à l'esprit d'observation, de prévoyance, d'industrie, et développer en eux le sentiment religieux et moral.

On verra combien, sous ce rapport, la merveilleuse organisation des insectes, l'instinct étonnant dont ils sont doués, les particularités singulières de leurs habitudes et de leurs mœurs fournissent de ressources, non-seulement pour éveiller la curiosité et l'admiration, mais pour élever l'âme jusqu'à l'intelligence des lois providentielles, jusqu'à la révélation de la puissance infinie qui a créé le monde, de la sagesse infinie qui le conserve et le gouverne.

En donnant à ces instructions la forme d'*entretiens familiers* entre un instituteur et ses élèves, l'auteur a été placé dans l'heureuse nécessité d'approprier le caractère de son style et ses procédés de développement à l'âge et au degré d'instruction de ses jeunes interlocuteurs. Il a été conduit par là même à conserver dans son langage la clarté, l'abandon, la vivacité, la simplicité naïve, qui sont un des plus grands charmes, comme une des plus grandes difficultés du dialogue.

L.-C. MICHEL.

Pour rendre la lecture de cet ouvrage plus profitable dans les écoles, on a fait suivre chaque entretien d'un questionnaire où sont résumés, sous forme de questions, les points les plus intéressants qui y sont développés. Le maître peut donc exercer les élèves à répondre de vive voix à ces questions, et donner ensuite ces réponses à rédiger par écrit aux élèves les plus avancés. Ainsi il trouve en même temps dans cette lecture des sujets variés et instructifs d'exercice de vive voix et de devoirs par écrit.

ENTRETIENS FAMILIERS
SUR
LES INSECTES NUISIBLES.

CHAPITRE PREMIER.

INSECTES NUISIBLES AUX RÉCOLTES.

PREMIER ENTRETIEN.

L'ALUCITE DES BLÉS.

§ 1er. — L'instituteur d'une commune rurale avait fait contracter à ses élèves l'heureuse habitude de se réunir autour de lui le dimanche, au sortir du service divin ; il employait une partie des loisirs de cette journée, entre la grand'messe et les vêpres, à des entretiens amusants autant qu'instructifs, dans lesquels, se tenant attentivement à la portée de leurs jeunes intelligences, il leur apprenait à connaître les objets d'histoire naturelle dont il leur importait le plus de ne point ignorer les principales propriétés nuisibles ou utiles. Les élèves appréciaient d'autant mieux ces instructions, qu'elles n'étaient point obligatoires ; ils savaient bien que l'instituteur aurait pu faire tout autre usage de ses heures de liberté ; aussi préféraient-ils sa conversation à tous les jeux de leur âge.

§ 2. — Mes amis, leur dit-il en se promenant avec eux dans le jardin de l'école, orné des plus belles fleurs de la saison, j'ai l'intention, cet été, de vous faire passer en revue les insectes les plus vulgaires du pays que nous habitons, en commençant par les INSECTES NUISIBLES, plus nombreux malheureusement que les INSECTES UTILES, qui auront leur tour dans nos entretiens. Bien des insectes vous sont, sans doute, plus ou moins connus; quelqu'un de vous veut-il essayer de me dire, selon ce qu'il en peut savoir, ce que c'est qu'un insecte?

— Personne ne se hâtant de répondre: Le mot *insecte*, dit l'instituteur, vient du latin et signifie *coupé;* le plus grand nombre des insectes est, en effet, comme coupé ou divisé en deux parties distinctes : l'une antérieure, à laquelle tiennent la tête et les pattes, qu'on nomme *corselet*, l'autre postérieure, qu'on nomme *abdomen*. Comme la nature ne se prête jamais d'une manière absolue aux divisions de l'histoire naturelle, il y a des exceptions; mais, vous le savez, l'exception confirme la règle. Ainsi, les deux parties du corps, le corselet et l'abdomen, sont parfaitement distinctes chez l'abeille, la mouche commune, la fourmi et le cousin; elles n'existent pas chez la punaise qui, pourtant, ne peut être rangée que parmi les insectes.

§ 3. — L'*Alucite*, l'un des insectes les plus nuisibles aux biens de la terre, est le premier insecte dont nous nous occuperons; sans être fort beau lui-même, cet insecte appartient à l'ordre qui renferme les plus beaux d'entre tous les êtres de cette classe; il fait partie des ***Lépidoptères***, ainsi nommés par les naturalistes, de deux mots grecs qui signifient *ailes brillantes*. Avant d'étudier les caractères et les propriétés de l'Alucite, prenons un aperçu des caractères généraux des Lépidoptères, que nous désignerons sous leur nom vulgaire de papillons, avec d'autant plus de raison que ce terme est admis et usité par les naturalistes.

— Est-ce que les papillons, dit un des élèves, sont des insectes nuisibles? Je ne les ai jamais vus manger.

— En effet, dit l'instituteur, les papillons ne mangent pas, aussi ne nuisent-ils pas directement. Mais vous, mon ami, qui venez de faire cette remarque, vous devez avoir appris, si je ne me trompe, une fable de l'abbé Reyre, où il est question des transformations du papillon : vous la rappelez-vous?

— Oui, monsieur; un autre insecte reproche au papillon la vanité sotte que lui inspire sa beauté, et lui dit avec beaucoup de raison :

Mais avant d'être papillon,
Songez, mon cher ami, que vous fûtes chenille.

— Votre mémoire vous sert à merveille. Eh bien, mon enfant, ces deux vers de l'abbé Reyre, dont vous vous êtes souvenu fort à propos, c'est la réponse à votre question.

— Comment cela, monsieur, je vous prie?

§ 4. — Les Lépidoptères sont au nombre des insectes nuisibles, parce qu'avant d'être papillons, tous ont été chenilles. Or, les chenilles nuisent toutes plus ou moins, quelques-unes dans des proportions énormes. Sans parler de celles qui souvent dépouillent de tout leur feuillage nos bois, nos haies et nos vergers, et dont les longs poils détachés, voltigeant dans l'air, peuvent occasionner des maladies dangereuses, il en est dont les ravages s'exercent sur les produits les plus précieux du travail agricole, et cela sur une échelle immense, ce qui en fait de véritables fléaux; c'est par millions qu'il faut compter les dommages causés par ces redoutables chenilles. Quelqu'un veut-il me procurer un papillon?

Il ne fallut pas une chasse bien longue pour que le désir de l'instituteur fût satisfait; un élève lui présenta au bout de quelques instants d'attente un papillon *Vulcain*. Bien que l'élève qui en avait opéré la capture eût mis à le saisir toute la légèreté, toute la dextérité dont il était capable, il avait néanmoins enlevé une partie du duvet coloré dont les ailes du captif étaient recouvertes, ce que l'instituteur ne manqua pas de lui faire remarquer.

— Je vous assure, monsieur, dit l'enfant, que je n'y ai pourtant touché qu'avec toutes les précautions possibles.

— Je vous crois, mon ami, dit l'instituteur; mais, comme l'a dit un sage de l'Orient, le poëte persan Sadi, le duvet de l'aile du papillon est semblable à l'amitié; si vous ne voulez l'endommager, n'y touchez pas.

§ 5. — Je regrette, mes enfants, de n'avoir pas à ma disposition le microscope solaire, instrument d'optique qui permet de voir les objets grossis 144,000 fois; je vous ferais voir une de ces choses qui frappent à la fois d'étonnement et d'admiration, en nous faisant retrouver dans les plus petits détails le caractère universel des œuvres de la création, l'UNITÉ dans la VARIÉTÉ. Ce qui vous semble des grains imperceptibles d'une poussière colorée, étendue sur les ailes de ce papillon en taches symétriques, vous ne vous doutez guère de ce que c'est en réalité. Chacun de ces grains de poussière est une plume, une plume parfaite, avec son tuyau et ses barbes, une plume de forme arrondie, à peu près comme sont les plumes du ventre de nos oiseaux de basse-cour.

— Voilà qui est vraiment merveilleux, monsieur, dit un élève : comment, ces grains de poussière, les parcelles de ce duvet, ce sont de vraies plumes, dans le vrai sens du mot?

— Je vous dirai, mes amis, poursuivit l'instituteur, que quand j'ai eu l'occasion de voir ce fait si curieux pour la première fois, celui qui, pour une modique rétribution, démontrait les effets du microscope solaire, me pria de toucher l'aile d'un papillon et de poser ensuite mon doigt sur le verre du microscope. A l'instant, je vis apparaître comme un tas de plumes jetées confusément; quelques-unes étaient repliées sur elles-mêmes, et le pli des deux portions superposées se voyait très-distinctement. Il est probable que les papillons peuvent à volonté retirer l'air contenu dans les tuyaux de leurs plumes, comme le font les oiseaux pour voler. Donnez la liberté à votre Vulcain; quoique privé de ses plumes, vous verrez qu'il n'a pas perdu tout à fait la faculté de voler; il est seulement un peu plus gêné pour imprimer une direction à son vol.

§ 6. — Si les œufs des papillons doivent devenir des chenilles, dit un des enfants, il n'y aurait qu'à détruire tous les papillons : on n'aurait plus de chenilles.

— C'est, dit l'instituteur, une réflexion qui s'est présentée à d'autres qu'à vous, et voici ce qu'on a fait pour tâcher de la mettre en pratique. Le soir, à la nuit tombante, on allumé ce qu'on nomme des *feux crépusculaires;* ce sont de petits feux clairs, alimentés par de la paille et des ramilles sèches; beaucoup de papillons sont effectivement venus s'y brûler. Mais les avantages qu'on s'en était promis ne se sont pas réalisés, du moins dans des proportions très-sensibles. C'est que les femelles des papillons sont fécondées et opèrent la ponte de leurs œufs au sortir de la chrysalide, c'est-à-dire au moment même où elles viennent de subir leur dernière transformation. Le papillon, qui voltige au hasard, aspirant le parfum des fleurs, a, le plus souvent, lorsqu'il achève ainsi dans les plaisirs sa courte existence, déjà fait tout le mal qu'il peut faire quant à la production des chenilles; il n'y a donc plus grand profit à le faire périr un peu plus tôt qu'il ne serait mort naturellement; les papillons, pour la plupart, meurent de vieillesse à l'âge de deux ou trois jours.

§ 7. — J'ai souvent pris plaisir, dit un des élèves les plus âgés, à nourrir des chenilles pour les voir changer de peau, s'enfermer dans leurs chrysalides et en sortir sous forme de beaux et brillants papillons. Souvent je me suis dit à moi-même : Comment le papillon peut-il avoir une existence et une manière de se transformer si différentes du reste des animaux?

— C'est là, mon enfant, dit l'instituteur, une grande erreur de votre part, erreur fondée sur des apparences, et qui prouve que vous n'y avez pas regardé d'assez près. Tous les êtres qui vous entourent sont soumis à la même loi et subissent les mêmes transformations à divers degrés; seulement, chez le papillon, les métamorphoses sont particulièrement frappantes, parce qu'elles font prendre à l'insecte en train de se transformer l'apparence d'un être complet. Voici, par exemple, trois œufs : un œuf de poule, un œuf de carpe et un œuf de chenille. Ce sont bien trois œufs, de chacun desquels doit sortir un animal vivant. Mais, le jeune poulet et la jeune carpe subiront *dans l'œuf* toutes leurs transformations; la chenille les subira toutes *hors de l'œuf*, offrant les apparences d'un animal qui marche, mange et manifeste une certaine dose d'instinct; le poulet et la carpe sont, au contraire, au sortir de l'œuf, tout ce qu'ils doivent être, sauf leur accroissement ultérieur en volume. Ce fait remarquable ne vous avait point frappé ; vous voyez cependant qu'il rentre dans la loi générale du développement des êtres, et que le Créateur n'a pas, comme vous le supposiez, soumis le papillon à des lois exceptionnelles.

§ 8. — Monsieur, dit un élève, comment se fait-il, je vous prie, que quelques papillons soient multipliés à l'excès, tandis que d'autres sont en très-petit nombre? Il y a des chenilles rares, si difficiles à élever qu'à peine en vient-il quelques-unes à bien, de sorte que les plus beaux papillons dont nous nous proposons de faire une collection en vous priant de nous apprendre à les connaître, sont presque toujours les moins communs. Est-ce que les femelles des Lépidoptères pondent toutes le même nombre d'œufs?

— Non assurément, mes amis, et il est fort heureux qu'il en soit ainsi, sans quoi il ne resterait guère de feuilles aux arbres, vous le comprenez. Ce n'est pas que la science possède à ce sujet des notions bien complètes ; il reste encore énormément à étudier pour savoir avec précision à quoi s'en tenir. Tout ce que je puis vous dire, c'est que les femelles les moins fécondes des Lépidoptères pondent de 40 à 50 œufs à chaque ponte, tandis que d'autres, parmi les espèces qui attaquent plus communément les feuilles des arbres de nos forêts, pondent jusqu'à 3,000 œufs.

— Trois mille œufs! Miséricorde, dit l'élève! Alors, combien de milliards doivent-elles en produire en trois ou quatre générations?

— Il n'arrive que trop souvent, dit l'instituteur, que la multiplication des chenilles atteint à des chiffres réellement effrayants, impossibles à calculer. Figurez-vous, mes enfants, plusieurs myriamètres de forêts de chênes où il ne restait pas une feuille au mois de juin, et dont le sol était couvert d'une couche épaisse de chenilles, au point qu'on ne pouvait y faire un pas sans en écraser des centaines : c'est ce que j'ai vu il y a quelques années dans les forêts du Schwartzwald, faisant partie du royaume de Wurtemberg et du grand-duché de Bade, en Allemagne.

— Il est certain, dit un enfant, que si chacune de ces

chenilles a produit un papillon et que ce papillon en ait produit 3,000 autres, les forêts dont vous nous parlez ont dû se trouver totalement dévastées l'année suivante.

— C'est fort heureusement ce qui n'a pas eu lieu, mon enfant, et c'est, par parenthèse, ce qui n'arrive jamais. Une circonstance toute particulière peut seule faire développer à la fois dans une localité un très-grand nombre de chenilles. Par exemple, au moment où quelques centaines de papillons nés de chenilles provenant de la même ponte sortent à peu près en même temps de leurs chrysalides, qu'il survienne un vent violent et continu dans la même direction; ce coup de vent emporte nécessairement les papillons tous ensemble et les dépose en très-grand nombre là où ils se trouvent quand le vent vient à tomber. Alors, il y a un canton cruellement infesté de chenilles, comme l'a été celui dont je vous parlais dans le Schwartzwald, pays plus connu sous son nom français de Forêt-Noire; mais le fait ne se reproduit jamais dans la même localité deux ans de suite.

— D'après ce que vous venez de dire, monsieur, fit observer un élève, est-ce que les papillons sont privés de la faculté de diriger leur vol?

— Pas précisément. Dans l'air calme, les papillons volent dans le vrai sens de cette expression, c'est-à-dire qu'ils se dirigent évidemment d'un point vers un autre, à volonté. Mais la fragilité de tout leur individu, celle de leurs ailes en particulier, est telle qu'elle ne leur permet pas de lutter contre un courant d'air un peu vif. C'est du reste ce qu'ils semblent très-bien savoir; car, à l'approche du gros temps, leur instinct les avertit de se blottir dans les lieux abrités; mais ils sont quelquefois pris à l'improviste.

§ 9. — Monsieur, dit un élève, je vois tous les ans, dans les bois et les jardins, les chenilles très-nombreuses au moment où les feuilles tombent des arbres. Que deviennent-elles, je vous prie? Survivent-elles à l'hiver? Ou bien, les milliers de chenilles qu'on voit tout à coup envahir les arbres dès qu'ils commencent à avoir des feuilles, sont-ils nés d'œufs pondus avant l'hiver et éclos au printemps de l'année suivante?

— La réponse à cette question, dit l'instituteur, demande quelques éclaircissements. D'abord, à les considérer en masse, la plupart des chenilles naissent en été, mangent en automne, et s'engourdissent en hiver pour se réveiller au printemps, recommencer à manger, et subir leurs dernières métamorphoses. Les unes, ce sont celles des tribus les moins nombreuses, se cachent isolément dans quelque gerçure d'écorce d'arbre ou dans quelque fente de rocher ordinairement à l'exposition du midi; elles y attendent dans une parfaite immobilité le retour de la belle saison; les autres, ce sont les plus nombreuses, descendent de leur arbre lorsqu'il n'y a plus de feuilles à dévorer; elles s'insinuent sous les feuilles mortes qui couvrent le sol au pied de l'arbre, s'enfoncent en terre à quelques centimètres de profondeur, passent ainsi l'hiver dans un sommeil léthargique, et renaissent sous l'influence du soleil de mars. Il n'en survit qu'un bien petit nombre; les rats, les mulots, les hérissons, les taupes, sans parler d'une foule d'insectes, recherchent ces chenilles pour s'en nourrir et en font une consommation prodigieuse. Ensuite, il arrive assez souvent à toutes les chenilles qui dorment l'hiver, de s'éveiller trop tôt; dans ce cas, elles remontent le long du tronc des arbres et se répandent sur les branches; mais, n'y trouvant aucune nourriture, elles meurent d'inanition.

D'autres chenilles fabriquent en commun, avec des fils encore plus déliés mais beaucoup plus solides que ceux des toiles d'araignée, un véritable tissu imperméable dans lequel elles s'enferment pour s'endormir et passer toutes ensemble la mauvaise saison à couvert. Ce que je viens de dire suffit pour vous faire comprendre quelles différences existent sous ce rapport entre les habitudes des chenilles des diverses tribus d'insectes lépidoptères.

— Je comprends maintenant fort bien, monsieur, dit un élève, pourquoi l'échenillage est ordonné tous les printemps, et aussi pourquoi, certaines années, on ne voit presque pas de chenilles; c'est sans doute quand le printemps a été précoce, qu'il est survenu quelques beaux jours de très-bonne heure, et que les chenilles se sont presque toutes éveillées trop tôt.

— Précisément; ajoutez à cela que, les années où le printemps est très-précoce, presque tous les œufs de Lépidoptères pondus l'année précédente éclosent avant la naissance des feuilles, sur lesquelles se fonde exclusivement la cuisine des chenilles; celles-ci doivent donc inévitablement mourir de faim. Quand elles sont multipliées à l'excès, l'homme trouve pour en arrêter la propagation, deux auxiliaires puissants dans les oiseaux insectivores et les mouches ichneumones, sur lesquelles nous aurons occasion de revenir, dans la suite de nos entretiens.

§ 10. — Nous voici, mes amis, suffisamment au fait de ce qui concerne les Lépidoptères en général; nous venons de causer de ce qu'il nous était le plus utile d'en connaître pour le moment; revenons à l'Alucite que nous avons totalement perdue de vue, et faisons connaissance avec cet ennemi de nos récoltes, si petit, si frêle, et, malgré cela, si dangereux. Autant que possible j'ai pris mes mesures pour vous faire voir ce dont j'aurai à vous parler.

Voici donc deux Alucites, un mâle et une femelle, à l'état parfait. Ce sont, comme vous le voyez, deux petits papillons peu différents l'un de l'autre, d'un gris terne, offrant assez d'analogie avec les Teignes, papillons également petits, dont la chenille ronge les étoffes de laine, et que vous connaissez tous.

— Est-ce que, comme leur air de parenté le fait présumer, l'Alucite et les Teignes sont de la même famille?

— L'Alucite appartient ainsi que les Teignes à la tribu des *Tinéites*, laquelle est une division de l'ordre des Lépidoptères. L'Alucite est classée dans une sous-division qui porte le nom de *Ptérophores*. Avant de vous expliquer ce terme, je vais vous en faire voir l'origine. Voici une forte loupe; regardez chacun à votre tour le bord supérieur des ailes de l'Alucite; vous me direz ce que vous y aurez vu de remarquable.

— Après un examen auquel chacun des élèves voulut prendre part, l'un d'entre eux répondit : Nous avons vu une rangée de poils, ou plutôt de brins de duvet allongés, formant une frange au bord de l'aile de l'Alucite.

— C'est bien cela, dit l'instituteur; ce que vous n'avez pu voir, la puissance de grossissement de ma loupe n'étant pas suffisante pour vous permettre de l'apercevoir, c'est que chacun des brins de ce duvet est une plume, non plus courte et arrondie comme celle dont se compose la poussière colorée répandue sur l'aile du papillon, mais tout à fait semblable pour la forme à une véritable plume à écrire, c'est-à-dire à celles d'entre les plumes de l'aile de l'oiseau qui lui sont le plus nécessaires pour voler. C'est pourquoi les naturalistes ont nommé *Ptérophores* les Lépidoptères qui offrent cette particularité ; ce nom, tiré du grec, exprime la ressemblance de leurs ailes avec celles des oiseaux.

§ 11. — Nous allons, mes amis, suivre l'Alucite dans toutes ses transformations. Au sortir de l'œuf, au moment de l'éclosion, c'est une toute petite *larve*.

— Que veut dire le mot *larve*, monsieur? Je ne comprends pas cette expression. Est-ce qu'en sortant de l'œuf, l'Alucite n'est pas tout de suite une petite chenille?

— Je ne puis trop vous recommander, mes enfants, dit l'instituteur, dans tout le cours de nos entretiens, de faire comme votre camarade en ce moment, de m'arrêter tout court à chaque terme que vous ne comprendrez pas. Les naturalistes nomment *larve* tous les êtres imparfaits qui sortent de l'œuf d'un insecte quelconque. Si ces œufs proviennent d'un insecte lépidoptère et qu'ils doivent aboutir à un papillon, on nomme les larves *chenilles*. Il est donc bien entendu que toutes les chenilles sont des larves, mais que toutes les larves ne sont pas des chenilles. Après avoir vécu et mangé pendant un certain temps, la larve singulièrement augmentée de volume, passe à l'état de *nymphe*. A cet état elle ne mange pas et reste dans une parfaite immobilité. Les nymphes des Lépidoptères, celle de l'Alucite comme les autres, s'enferment dans un étui corné luisant que vous connaissez tous sous le nom de *chrysalide*. Toutes les larves, à quelque classe d'insectes qu'elles appartiennent, passent par l'état de nymphes. Voici des chrysalides d'Alucites ; vous voyez que, sauf leur petitesse, elles ont tous les caractères de celles des papillons que vous vous plaisez souvent à faire éclore. Au moment où la larve se change en nymphe, elle commence un travail intérieur très-analogue à celui de la formation du poulet dans l'œuf;

son corselet, son abdomen, ses pattes, ses ailes, tous les organes fort compliqués nécessaires à sa vie sous sa forme définitive d'insecte parfait, se forment successivement; enfin quand tout est accompli, l'Alucite brise sa prison et en sort à l'état de papillon semblable à ceux que vous venez d'examiner.

§ 12. — Rendons-nous compte de ce qu'elle devient sous cette dernière forme. Dès qu'une femelle, fécondée au sortir de l'œuf, veut commencer sa ponte, elle va voltigeant autour des épis du froment ou de l'orge; elle s'adresse de préférence au froment. A la base de chaque grain dont elle perce l'enveloppe extérieure ainsi que la pellicule qui constitue le son, elle dépose un œuf. L'Alucite femelle recommence la même opération jusqu'à ce qu'elle ait opéré toute sa ponte qui varie de 120 à 150 œufs selon les meilleures observations; le chiffre n'en est pas encore parfaitement constaté; comme elle ne mange pas pendant son existence de papillon, sa ponte achevée, elle meurt; c'est l'affaire de deux ou trois jours. Souvent éclose le matin, elle pond dans le courant de la journée et meurt de vieillesse le lendemain; l'existence du mâle est encore plus courte que celle de la femelle. Eh bien, durant cette existence si peu prolongée à l'état parfait, l'Alucite enlève à l'agriculture bien des millions.

§ 13. — Est-ce que la petite chenille de l'Alucite, dit un élève, passe d'un grain dans un autre, après en avoir dévoré la substance?

— Non, mon ami, chaque petite larve, avant de se transformer, ne consomme que l'intérieur d'un seul grain de froment ou d'orge.

— Alors, monsieur, dit un autre élève, combien de milliards en faut-il donc... pour détruire du blé tous les ans pour une valeur de plusieurs millions?

— C'est un calcul que vous ferez aisément vous-même, mon ami, lorsque vous saurez qu'un hectolitre de froment valant dans les années de cherté 30 à 35 francs, mais dans les années ordinaires 18 à 20 francs, contient en moyenne 1,800,000 grains.

— Vous nous avez déjà donné ce renseignement, monsieur, dit un enfant, et je ne l'ai pas oublié; mais je me suis demandé comment il s'était trouvé des gens assez patients pour compter sans se tromper, un à un, les grains de plusieurs hectolitres de froment, et en conclure la moyenne du nombre de grains contenus dans un hectolitre?

— Je crois me souvenir, mon enfant, dit l'instituteur, que vous vous êtes permis plus d'une fois de rire d'une question peu réfléchie échappée à l'un de vos camarades pendant nos entretiens du dimanche; or, sans vous en apercevoir, vous venez de faire une réflexion encore bien moins judicieuse que celle des plus étourdis de vos jeunes amis.

— Comment cela, monsieur, je vous prie?

— Mais, en vous figurant très-naïvement que pour savoir ce qu'un hectolitre contient de grains de froment, il a fallu compter tous ces grains un à un; c'est une peine que personne assurément ne s'est avisé de prendre. On s'est contenté de compter les grains d'un litre exactement mesuré, ce qui a encore demandé un certain temps. D'une dizaine de litres ainsi comptés, on a pris la moyenne, qui, multipliée par 100, a donné la moyenne de l'hectolitre, moyenne non pas rigoureuse, mais assez rapprochée de la vérité. Vous voyez qu'à votre âge, une question d'une naïveté très-prononcée peut échapper fort souvent; ceci doit vous apprendre à n'être pas trop prompt à rire aux dépens de ceux qui se trompent.

Après cette petite leçon d'indulgence donnée avec bonté et reçue avec déférence, l'instituteur poursuivit.

§ 14. — L'Alucite, connue et classée depuis plus d'un siècle par les naturalistes, n'avait exercé de ravages considérables qu'une seule fois et dans une seule province de France, dans l'Angoumois (Charente), en 1770. Depuis ce temps-là, elle s'y maintenait sans multiplier à l'excès, de sorte qu'elle était à peu près oubliée. Le *Dictionnaire d'histoire naturelle* de Ch. d'Orbigny, publié en 1840, rappelle les dégâts commis par l'Alucite en 1770, et n'en dit rien de plus. Mais, depuis quelques années, l'Alucite a bien su se rappeler à notre souvenir. C'est encore dans la Charente qu'elle a reparu à l'état de fléau. De ce point de départ elle a envahi à peu près vingt départements, et rien ne fait présumer où et quand elle s'arrêtera.

— N'a-t-on donc rien tenté, dit un élève, pour se délivrer de cette mauvaise petite bête, et l'homme est-il contre elle tout à fait sans défense?

— Il ne l'est pas, assurément. Dieu en donnant à l'homme sur tous les êtres animés de sa planète la supériorité de l'intelligence, lui a par cela seul conféré le pouvoir de détruire ceux qui lui nuisent et de faire multiplier ceux qui lui sont utiles, cela n'est pas douteux. Quant à l'Alucite, ce serait du temps perdu pour vous que de passer en revue les tentatives inutiles faites pour en délivrer nos moissons; bornons-nous à voir ce qu'on peut faire dans ce but avec quelques chances de succès. Remarquez d'abord, mes amis, comment l'Alucite se perpétue dans nos pays de grande culture des céréales. Comme elle opère sa principale ponte un peu avant la moisson, il s'ensuit que beaucoup de grains de froment, dans les épis des gerbes rentrées en grange ou conservées en meules, contiennent un œuf d'Alucite. Cet œuf, d'une excessive petitesse, ne tarde pas à donner naissance à une petite larve; si l'hiver est doux, le papillon provenant de cette larve produit une génération dans la grange même, génération qui, si les gerbes ne sont pas livrées au battage, en produit encore une troisième.

§ 15. — C'est pour cela, sans doute, dit un élève, que quand on défait une meule de froment à la ferme de mon père, il s'en échappe des nuées de petits papillons tout pareils à ceux que vous venez de nous montrer?

— Ces papillons sont des Alucites. Vous comprenez dès lors qu'à l'époque de la maturité des grains, il se trouve assez d'Alucites femelles prêtes à pondre pour opérer une propagation qui prend des proportions désastreuses. Il en serait tout autrement si chaque cultivateur, au lieu de conserver la plus grande partie de ses grains en gerbes dans la grange ou dans les meules, prenait la sage précaution de faire battre tous ses grains aussitôt après la moisson, et de ne serrer en grange et en meules que des pailles battues.

—Est-ce que, dans les grains battus, les œufs ne produiraient pas une génération d'Alucites aussi bien que dans les grains en épis?

— Si fait, mon enfant; mais les papillons n'ayant plus pour refuge l'intérieur des gerbes, sont aisément dispersés et détruits; il suffit pour cela de remuer fréquemment les tas, et de donner aux greniers une bonne ventilation. Dans les grains battus, l'Alucite n'est pas anéantie; mais sa propagation est maintenue dans des limites restreintes, tandis que quand les circonstances atmosphériques lui sont favorables, sa multiplication dans les blés conservés en gerbes ne rencontre pas d'obstacle, et n'a pour ainsi dire pas de limites.

§ 16. — Il y aurait un procédé beaucoup plus sûr à mettre en usage; ce serait de convertir immédiatement les grains battus en farines, et de soumettre ces farines à une puissante pression qui les rendrait inaltérables; les œufs d'Alucite ou d'autres insectes, en supposant qu'ils n'eussent pas été détruits par l'action de la meule, ne sauraient éclore dans les farines ainsi comprimées, et l'humidité ne saurait pénétrer dans les barils où la compression aurait été opérée.

Un élève demande si ce procédé avait été mis en usage.

— Il l'est tous les jours, mon enfant; on n'en emploie pas d'autre pour conserver en bon état les farines embarquées pour la consommation des équipages des navires pendant les voyages de long cours.

§ 17. — Alors, reprit un élève, pourquoi tous les grains, après chaque récolte, ne sont-ils pas immédiatement battus et convertis en farine?

— C'est, dit l'instituteur, que le conseil d'exécuter cette conversion, conseil excellent en lui-même, est beaucoup plus facile à donner qu'à suivre. Savez-vous, mes enfants, quelle est la valeur moyenne du blé que produit annuellement la France? Elle est d'un peu plus de *deux milliards* de francs. Comptez à 20 francs l'hectolitre, combien d'hectolitres il y aurait à battre et à moudre aussitôt après chaque moisson; voyez quels changements profonds devrait subir l'industrie de la meunerie, pour que toutes les farines fussent faites et comprimées rapidement, de façon à empêcher d'une manière absolue la propagation de l'Alucite. Jusqu'à présent, la multiplication de l'Alucite n'a pu être arrêtée par le battage immédiat des grains, que dans les pays où les céréales ne sont pas cultivées sur une grande échelle. La pratique, éclairée par les indications de la science, fera découvrir, il n'en faut pas douter, quelque procédé praticable pour mettre un terme aux ravages exercés sur nos céréales par l'Alucite, le plus nuisible de tous les insectes lépidoptères de notre pays.

Questionnaire.

Quelle est l'origine du mot *Insecte?* Quel en est le sens ? § 2.
Quelles sont les principales parties du corps d'un insecte ? § 2.
A quelle famille d'insectes appartient l'Alucite ? § 3.
Pourquoi les Lépidoptères sont-ils des insectes nuisibles ? § 4.
Que représente le duvet de l'aile du papillon, vu au microscope solaire ? § 5.
Quel est l'effet des feux crépusculaires pour la destruction des papillons ? § 6.
En quoi les transformations des insectes ressemblent-elles à celles des oiseaux et des poissons ? § 7.
Quelle quantité d'œufs produisent à chaque ponte les femelles des Lépidoptères et quelles causes peuvent amener une énorme multiplication de chenilles dans un lieu déterminé ? § 8.
Comment hivernent les chenilles, et pourquoi sont-elles tantôt rares, tantôt très-multipliées ? § 9.
A quelle tribu de Lépidoptères appartient l'Alucite ? § 10.
Quelle est l'origine du mot *Ptérophore?* Quel en est le sens ? § 10.
Que faut-il entendre par les mots *Larve*, *Chenille*, *Nymphe*, *Chrysalide*, et comment l'insecte passe-t-il par ces diverses formes ? § 11.
Comment s'opère la ponte des œufs de l'Alucite ? § 12.
Combien un hectolitre de froment contient-il de grains ? § 13.
A quelle époque et dans quel pays a-t-on d'abord signalé les ravages de l'Alucite ? § 14.
Quels moyens peut-on opposer aux ravages de l'Alucite, et pourquoi ne peuvent-ils partout être mis en usage ? §§ 15, 16 et 17.

DEUXIÈME ENTRETIEN.

LE CHARANÇON DES BLÉS.

§ 1. — Aujourd'hui, mes amis, dit l'instituteur à son jeune auditoire, la pluie fine et froide qui a détrempé le sol et rendu les chemins difficilement praticables, nous interdit le plaisir de la promenade ; nous n'aurions d'ailleurs aucune notion intéressante à recueillir au dehors par le temps qu'il fait, tandis que, sans sortir de chez nous, il nous sera facile de prendre une connaissance détaillée des mœurs, des transformations et des ravages d'un de nos plus dangereux ennemis parmi les insectes qui vivent aux dépens des produits du travail agricole ; cet ennemi, vous le connaissez tous sous ses deux noms vulgaires également usités ; on le nomme indifféremment *Calandre des blés* ou *Charançon ;* ce dernier nous [illegible] l'avantage d'être à la fois admis par les naturalistes et connu de tout le monde.

Nous continuerons, mes enfants, à nous servir de la méthode adoptée par nous pour l'étude des insectes nuisibles avec lesquels nous avons commencé à faire connaissance en nous occupant des chenilles en général, et de l'Alucite des blés en particulier. Nous verrons autant que possible par nos propres yeux les faits qu'il vous importe le plus de bien graver dans vos jeunes mémoires. Malheureusement, je ne suis que trop en mesure de vous faire voir parfaitement ce qui concerne le Charançon des blés.

— Pourquoi *malheureusement*, monsieur ? demanda un élève.

— Je me sers de cet adverbe, mon enfant, parce que le grenier où je serre mon froment est infesté de Charançons, ce qui assurément n'est pas une circonstance dont je puisse me féliciter. Montez-y tous avec moi ; je pourrai vous y montrer cet insecte, objet de nos recherches en ce momeut, sous tous ses états et à tous ses degrés de transformation.

Un instant après, la troupe attentive se pressait autour de l'instituteur, dans son grenier à blé. Posant un charançon sur le revers de sa main, il leur fit remarquer la conformation extérieure de l'insecte.

§ 2. — Le Charançon, poursuivit-il, occupe un rang distingué parmi les *Coléoptères*. Les insectes de l'ordre des Coléoptères, sauf de très-rares exceptions, ont quatre ailes; les deux premières sont cornées et coriaces; on les désigne sous le nom d'*élytres*. Les deux élytres forment par leur réunion un étui sous lequel sont renfermées des ailes membraneuses et transparentes. Le mot *Coléoptère*, tiré du grec, veut dire littéralement: *ailes renfermées dans un étui*. Plusieurs Coléoptères vous sont connus, je pourrais même dire trop connus, car ils sont au rang des plus nuisibles de tous les insectes; je nommerai seulement le *Hanneton*, qui aura son tour dans nos entretiens; c'est un des plus répandus parmi les Coléoptères nuisibles de notre pays.

— Monsieur, dit un élève, j'aurais une observation à présenter; mais je crains qu'elle ne paraisse ridicule.

— Dites toujours, mon enfant. Si votre observation est ridicule, on en rira, et vous n'en mourrez pas; si c'est une question que vous désirez m'adresser, on n'est jamais ridicule pour demander ce qu'on ignore à ceux qu'on croit en état de vous éclairer: ce sont eux qui sont ridicules s'ils se moquent de votre ignorance au lieu de la dissiper.

§ 3. — Eh bien, monsieur, vous m'avez dit tout à l'heure, si j'ai bien compris, que les Coléoptères ont quatre ailes. J'ai bien souvent vu voler des Hannetons; jamais je n'ai vu leurs élytres s'agiter; il m'a toujours semblé qu'ils les écartaient seulement pour se servir de leurs ailes qui restent pliées par-dessous quand ils ne volent pas. Je pensais donc que le Hanneton possède non pas deux paires d'ailes, mais une seule paire enfermée habituellement sous un couvercle en deux morceaux; me suis-je trompé, et les élytres des Coléoptères leur servent-ils réellement pour voler?

— Vous avez très-bien vu, mon enfant, dit l'instituteur, et je suis charmé de rencontrer en vous un esprit d'observation qui vous porte à chercher à bien voir. Les élytres ne servent pas directement aux Coléoptères pour voler; ce ne sont donc pas des ailes à proprement parler, bien que cette distinction ne soit admise que depuis fort peu de temps par les naturalistes; mais les insectes s'en servent comme de deux balanciers, en les écartant plus ou moins, à volonté, ce qui contribue à régulariser leur vol.

§ 4. — Quant aux transformations, les Coléoptères passent comme les Lépidoptères, objet de notre précédent entretien, par les trois états de larve, de nymphe et d'insecte parfait, dont je suppose que nul de vous n'a oublié la définition. Revenons donc à notre Charançon qui a patiemment attendu, comme vous le voyez, que nous fussions en mesure de nous occuper de lui.

— J'ai cru d'abord, dit un élève, qu'il allait nous échapper en s'envolant; on aurait dit qu'il écartait ses élytres comme s'il se disposait à prendre son vol.

— Le Charançon, dit l'instituteur, lorsqu'il est posé sur une surface chaude, comme l'est ma main en ce moment, semble en effet vouloir ouvrir ses élytres; mais les ailes minces qu'il porte par-dessous ne sauraient le soutenir en l'air; il est du nombre des Coléoptères qui ne volent pas. Examinez d'abord ce prolongement de la tête qui figure une sorte de nez très-long par rapport à la grosseur de l'insecte; tous les insectes munis de ce prolongement, qui ne permet pas de les confondre avec n'importe quel autre Coléoptère, sont réunis en un groupe sous le nom de *Curculionidés*, parce que les Romains nommaient le Charançon des blés *curculio.*

§ 5. — Que signifie, je vous prie, monsieur, ce singulier nom?

— Un agronome romain, nommé Varron, rapporte que, dans l'origine, ce nom se prononçait et s'écrivait *Gurgulio*, ce qui voulait dire : *grand gosier*, à cause de l'appétit vorace de cet insecte. Celui qui reste là immobile, sur ma main, est nouvellement passé de l'état de nymphe à l'état d'insecte parfait; comme je vous le disais, il ne vole pas; il se contente de marcher et ne marche même qu'avec une extrême lenteur. Ses pattes, très-fortes par rapport au volume de son corps, manquent absolument d'agilité : c'est un caractère commun à tous les Charançons, dont on ne compte pas moins de 200 espèces distinctes.

En parlant ainsi, l'instituteur tira de sa poche une petite boîte couverte en verre, renfermant plusieurs Charançons. Regardez, dit-il, celui qui vous paraît tout rayé de lignes longitudinales alternativement blanches et noires : c'est le plus proche parent du Charançon des grains ; il attaque particulièrement le colza dont sa femelle perce les siliques pour déposer ses œufs dans la graine. Il porte des deux côtés de la tête des appendices nommés *antennes*, de forme coudée, terminés par un renflement en forme de massue. Cette forme des antennes et ce renflement se retrouvent plus ou moins développés chez tous les Charançons ; ils se voient très-distinctement chez celui-ci. C'est encore là, mes enfants, un trait saillant, qu'il vous sera facile de retenir.

§ 6. — Monsieur, dit un enfant, sous laquelle de ses formes le Charançon commet-il le plus de dégâts ?

— Sous celle de larve, et c'est ce qu'il nous sera facile de vérifier. Le Charançon à l'état d'insecte parfait ne nuit que par la reproduction de son espèce éminemment destructive.

— Tous les Coléoptères sont-ils dans le même cas?

— Non, mon enfant ; les uns ne mangent qu'à l'état de larve ; les autres, comme le Hanneton, mangent sous leur dernière forme aussi bien que sous la première, et n'interrompent leur repas, infiniment trop prolongé, que pendant l'intervalle assez court où ils passent par l'état de nymphe.

Mais poursuivons nos observations. Voici un tas de froment qui contient quatre hectolitres ; c'est la provision de mon ménage pour l'hiver prochain. Vous voyez que j'ai formé deux petits tas à côté du grand : l'un contient quelques litres de froment, l'autre une égale quantité d'orge. Le froment du tas principal renferme peu de Charançons ; j'ai soin de le remuer fréquemment avec une pelle de bois ; le Charançon n'aime pas à être dérangé. Chaque fois que je retourne mon froment, les Charançons en sortent pour se diriger vers les deux petits tas de froment et d'orge que je leur abandonne, et auxquels j'ai soin de ne pas toucher. Il va sans dire que j'en détruis le plus possible tandis qu'ils émigrent en masse des grands tas dans les petits. Chacun des grains des petits tas renferme une larve en train d'en ronger l'intérieur. Quand il n'en restera que le son, la larve, qui a eu grand soin de ne pas endommager l'enveloppe extérieure du grain, s'y transformera en nymphe, puis en un vrai Charançon qui brisera sa prison pour aller procéder à sa reproduction; puis les femelles déposeront leurs œufs chacun dans un grain de blé par une piqûre imperceptible, car ces œufs sont excessivement petits, et les plus précieux produits des travaux du laboureur seront la proie de la génération nouvelle des Charançons.

§ 7. — N'y a-t-il pas, monsieur, dit un élève, de moyen plus efficace et moins coûteux que celui que vous employez, pour la destruction des Charançons ?

— Il y en a plusieurs, tous plus ou moins efficaces, mon enfant; en voici un exemple. Le boucher, mon voisin, a tué hier deux moutons; je l'ai prié de m'en prêter les peaux jusqu'à demain; vous voyez que je les ai étendues, la laine en dessous, sur une partie de mon tas de froment où la masse du grain n'a pas beaucoup d'épaisseur. La presque totalité des Charançons va se réfugier cette nuit dans la laine de ces deux toisons; demain matin, j'irai secouer ces peaux de mouton dans la basse-cour; les poules se régaleront de Charançons; ce sera pour mon blé autant d'ennemis de moins.

— Avec l'emploi assidu des deux moyens que vous mettez en usage, dit un élève, comment peut-il rester encore des Charançons dans votre grenier?

— Il en reste, et beaucoup, dit l'instituteur. Mes moyens de défense n'atteignent, comme tous ceux du même genre, que les insectes parfaits; je n'en ai aucun à opposer aux œufs qui deviennent des larves, puis des nymphes. Prenez quelques grains dans l'un des petits tas que j'abandonne à l'ennemi; examinez-les attentivement; que remarquez-vous en eux de particulier?

— Ma foi, rien du tout, monsieur, dit l'enfant, si ce n'est que ce grain me semble bien léger.

— Voici mon canif; coupez ces grains de froment un à un, vous trouvez dans presque tous une larve de Charançon; d'autres, entièrement vides de farine, contiennent des nymphes immobiles qui ne mangent plus. En voici un où vous voyez le Charançon prêt à sortir. Tant que les charançons ne sont pas sortis du grain, je ne puis leur opposer aucun moyen assuré de destruction. Ceux qu'on a essayé de mettre en œuvre dans des *silos* ou fosses revêtues intérieurement de maçonnerie n'ont réussi qu'en partie; ils ne sont d'ailleurs applicables qu'à la conservation en grand des céréales; pour les petites provisions comme la mienne il ne faut pas y songer. Ces procédés consistent à renfermer les grains dans des silos préalablement remplis d'un air d'une nature particulière, dans lequel les œufs de Charançon ne peuvent éclore et où ses larves ne peuvent vivre. Pour réussir dans l'emploi de ce procédé, d'une part il faut se servir d'appareils qui coûtent fort cher; de l'autre, dès qu'on doit ouvrir les silos pour y puiser, le bénéfice de tout le travail est en partie perdu. On peut aussi passer les grains au four, pour tuer les œufs et les larves des Charançons, puis les serrer dans des tonneaux assez bien fermés pour que ces insectes n'y puissent pénétrer du dehors. Quand on ne se propose pas d'employer le blé comme grain de semence, ce moyen de préservation peut être appliqué avec avantage, bien qu'il fasse perdre au grain sa faculté germinative.

Pour moi, avant la fin de la belle saison, je ferai reblanchir à la chaux les murs du grenier et passer une couche de couleur sur la charpente; le menuisier viendra boucher aussi exactement que possible les fentes du plancher où pourraient se loger les Charançons. Avec cela et la précaution que je prendrai de remuer fréquemment mon tas de froment, le Charançon n'y multipliera pas avec trop d'excès; c'est tout ce que je puis espérer.

§ 8. — Est-ce que cette affreuse petite bête si nuisible a beaucoup de postérité, monsieur? dit un élève.

— Elle en a énormément, mon enfant. Un entomologiste très-patient, M. Dejéer, a eu la constance de compter les Charançons produits, non pas théoriquement, mais effectivement, par un seul couple dans le cours d'une année; il en a trouvé 23,642. L'expérience de M. Dejéer, souvent renouvelée après lui, a toujours donné à peu près les mêmes chiffres.

— Monsieur, dit un élève, quand vous secouez dans la basse-cour les peaux de mouton pleines de Charançons, ne craignez-vous pas que vos poules ne soient malades pour en avoir mangé trop à la fois?

— Elles le seraient en effet, mon ami, si je leur en donnais trop en un seul repas; j'ai donc soin de leur en ménager la distribution; ce n'est même qu'avec précaution que je puis leur donner le grain renfermant les larves de Charançon, quand je renouvelle les petits tas sacrifiés à ces larves; mais, en y mettant la prudence nécessaire, il n'y a rien de perdu.

— Monsieur, dit un élève, vous répondez avec tant de complaisance à nos questions, raisonnables ou autres, que j'en ai une à vous adresser...

— Dites, mon ami, et s'il m'arrive de n'être pas en mesure d'y répondre, je dirai sans détour : Je n'en sais rien.

§ 9. — Eh bien, monsieur, vous nous avez dit en nous montrant le Charançon rayé du colza, que sa femelle pique les siliques du colza pour déposer un œuf dans la graine à demi formée; nous venons de voir que la femelle du Charançon des blés dépose un œuf dans chaque grain de froment ou d'orge. Comment ces insectes femelles, qui ne mangent pas, savent-elles que les larves qui sortiront de leurs œufs mangeront, les unes de la graine de colza, les autres de la farine de céréales?

— La réponse à cette question, dit l'instituteur, c'est qu'on n'en sait rien, ou plutôt on sait de ce phénomène, comme de tous ceux dont notre intelligence bornée ne peut se rendre compte, que Dieu veut qu'il en soit ainsi et non autrement. Le Créateur, mes enfants, fait briller sa sagesse, sa puissance, sa bonté, dans l'instinct départi à tous les animaux; celui qui dénote la prévoyance chez les femelles des Coléoptères à l'égard de leur postérité est une des merveilles les plus admirables que puisse offrir l'étude de la nature. Le Hanneton, qui ne mange que des feuilles et des semences d'orme, ne pourrait vivre de racines; sa femelle enterre ses œufs, pour qu'au moment de leur naissance les larves soient à portée des racines dont elles se nourrissent. D'autres femelles de Coléoptères, dont nous nous occuperons en parlant des insectes utiles, entassent des provisions autour de leurs œufs pour l'usage d'une postérité qu'elles ne connaîtront pas, car elles meurent avant la naissance de leurs larves. C'est une loi sans exception : l'instinct dit à la femelle de l'insecte où elle doit pondre et comment elle doit assurer l'existence de sa postérité, sans qu'on puisse dire si elle se souvient de ce qu'elle a mangé étant elle-même à l'état de larve; Dieu lui donne à l'égard de ses descendants une tâche à remplir et l'instinct nécessaire pour s'en acquitter. C'est ce que sa bonté fait à l'égard de toute créature vivante. Je ne crois pas que le plus savant, mes amis, puisse vous en dire davantage.

§ 10. — Moi, monsieur, dit un autre élève, je ne comprends pas comment, très-longtemps après qu'un grenier a cessé de renfermer du grain, dès qu'on y met un tas de blé, on voit les Charançons maudits reparaître par centaines, sortant de toutes les fentes du plancher ou de la charpente; de quoi ont-ils pu vivre pendant tout le temps où le grenier ne contenait rien à manger?

§ 11. — D'abord, mes enfants, je vous ai déjà dit que le Charançon à l'état d'insecte parfait ne mange pas. Si vous observiez les Charançons qui reparaissent dans les conditions que vous venez de rappeler, vous verriez que ce sont toutes des femelles; les mâles ne vivent que quelques jours. Les femelles vivent jusqu'à ce qu'elles aient fini leur ponte; le dernier œuf pondu, elles meurent, et c'est pourquoi nous avons vu que les femelles des papillons ne vivent que quelques jours, souvent même que quelques heures, parce qu'elles pondent aussitôt après leur naissance. La femelle du Charançon ayant beaucoup d'œufs et beaucoup de besogne pour percer des grains de blé un à un et y déposer ses œufs isolément, vit plus longtemps. Quand le grain lui manque pour pondre, elle tombe dans un état d'engourdissement qui n'est pas la mort, et qu'elle prévoit sans doute, car elle choisit une retraite pour s'engourdir. Le voisinage du grain, dont l'odorat l'avertit probablement, la réveille; elle pond, puis elle meurt. On ne connaît pas exactement la durée possible de ce sommeil, qui dure quelquefois très-longtemps, et que doit suivre un réveil plus étonnant encore; car tout est merveille, tout est prodige, dans l'étude des moindres ouvrages du Créateur.

Questionnaire.

Quels sont les caractères généraux des insectes de la famille des Coléoptères? § 2.
Les élytres des Coléoptères leur servent-ils pour voler? § 3.
Quelles sont les transformations des insectes Coléoptères? § 4.
Le Charançon a-t-il la faculté de voler? § 4.
Quelle est l'origine du nom du groupe des Curculionidés? § 5.
Sous laquelle de ses formes le Charançon est-il le plus nuisible? § 6.
Quels sont les principaux moyens de détruire le Charançon, et que faut-il entendre par l'expression de *Silos?* § 7.
Quel nombre de Charançons un seul couple peut-il produire dans le cours d'une année? § 8.
Quel emploi utile peut-on faire des Charançons séparés du blé? § 8.
Quel est le trait général de l'instinct de toutes les femelles d'insectes? § 9.
Pourquoi le Charançon femelle vit-il plus que le mâle? § 10.

TROISIÈME ENTRETIEN.

LES SAUTERELLES.

§ 1.— Mes enfants, dit l'instituteur, au retour d'une promenade dans la campagne, en société de ses élèves, voici une admirable soirée; le calme et la sérénité de l'atmosphère nous présagent une suite de beaux jours; il y a encore un indice à peu près certain sous notre climat de la continuation du beau temps; je ne vous demande pas si vous connaissez l'insecte qui produit le bruissement qui trouble seul, en ce moment, le silence profond de la plaine?

— Ce sont, dit un des enfants, les Sauterelles qui chantent.

— Vous vous servez là, mon ami, d'une expression reçue, et vous avez raison, puisque vous n'en connaissez pas d'autre; néanmoins, je suis bien aise de vous dire que les Sauterelles ne chantent pas, quoiqu'il vous semble les entendre chanter.

— Il paraît, monsieur, dit un élève en riant, que cette fois nous ne devons pas en croire nos oreilles?

— Elles ne vous trompent pas, en ce sens qu'elles vous transmettent bien réellement un bruit causé par les Sauterelles; mais ces insectes ne font sortir de leur bouche aucun son qui mérite d'être appelé *chant*, selon le sens communément attaché à cette expression. Le bruit qu'elles font entendre par intervalles est produit, non par leur bouche et leur gosier, mais par le froissement de leur première paire d'ailes, coriaces et analogues aux élytres du Charançon et du Hanneton, contre le bord de leur seconde paire d'ailes membraneuses et transparentes, quoique très-solides. Du reste, la croyance vulgaire, à ce sujet, n'est pas si fort erronée que cette observation pourrait vous porter à le croire : le bruit que produisent ainsi les Sauterelles est bien une sorte de langage qu'elles emploient pour s'appeler réciproquement.

§ 2. — Les Sauterelles d'Europe sont-elles au nombre des insectes nuisibles, dit un des plus âgés des élèves? Je ne vois pas, monsieur, que les champs cultivés, où elles sont en grand nombre, portent de traces bien distinctes de leurs ravages, bien que je sache combien elles ont été et sont encore, sans doute, redoutées dans les pays de l'Orient.

—Assurément, dit l'instituteur, les Sauterelles qui mangent beaucoup et à qui toute nourriture végétale fraîche convient, sont des insectes très-nuisibles aux récoltes; seulement, dans les pays très-peuplés et bien cultivés, elles ne peuvent causer de bien grands désastres; j'aurai soin de vous en expliquer la raison. Avant de rentrer au logis, que quelques-uns d'entre vous saisissent un certain nombre de Sauterelles; leur histoire naturelle, qui offre une assez bonne provision de faits intéressants, sera, si vous le trouvez bon, le sujet de notre entretien de ce soir.

La proposition fut agréée avec empressement; chacun eut bientôt sa Sauterelle captive dans un cornet de papier. L'instituteur, voyant tout son monde attentif groupé autour de lui dans le jardin, pour profiter de la fraîcheur agréable d'un beau soir d'été, reprit la parole en ces termes :

Pour procéder avec ordre, quelqu'un me dira bien, je pense, quelle est l'origine du mot *Sauterelle?*

— Plusieurs voix s'élevèrent à la fois pour répondre qu'indubitablement *Sauterelle* vient de *sauter.*

— Très-bien; mais pourquoi les Sauterelles sautent-elles au lieu de marcher comme la plupart des autres insectes?

— C'est probablement, dit un élève, qu'elles ne peuvent pas faire autrement, puisqu'elles ont les pattes de devant fort courtes, et celles de derrière fort longues.

— C'est cela même, et le plus habile entomologiste n'aurait pas pu mieux répondre. Cependant, nous savons qu'il existe des Sauterelles en tout semblables à celles de notre pays, sauf qu'elles sont plus fortes et plus grandes, qui se transportent en masse à de grandes distances; pensez-vous qu'elles voyagent en sautant dans une direction constamment la même?

— Elles se servent dans ce cas de leurs ailes, dit un élève; c'est en volant, sans doute, qu'elles se rendent d'un pays dans un autre.

§ 3. — Eh bien, dit l'instituteur, c'est ce qui vous trompe; les Sauterelles ne volent pas, bien que leurs ailes leur soient très-nécessaires en voyage. Voler, je vous l'ai déjà expliqué en parlant des papillons, c'est se diriger à volonté d'un point vers un autre au moyen de l'action des ailes, ainsi que le font les oiseaux; c'est ce que ne font pas du tout les Sauterelles, pas plus les grandes que les petites. Mais, commençons par nous rendre compte de leur structure, et nous former une idée de leur organisation. L'inégalité de leurs deux paires de pattes est une particularité saillante dont vous avez été frappés tout d'abord; s'il m'était permis d'user ici d'un mauvais jeu de mots, je dirais que cela *saute* aux yeux. Donnons un moment d'attention à leurs ailes ; vous voyez que la première paire, assez semblable à des élytres, est d'une consistance presque cornée. La seconde paire, dans l'état de repos, est repliée le long du corps de l'animal et disposée comme les plis d'un éventail fermé. Quand l'insecte les déploie, ces ailes offrent un bord parfaitement droit ; c'est d'après ce caractère que les naturalistes ont classé les Sauterelles parmi les insectes *orthoptères*, nom formé de deux mots grecs qui signifient *ailes droites*.

§ 4. — Il vous paraît peut-être, en voyant la longueur et la solidité des ailes membraneuses de la Sauterelle, que j'ai voulu simplement plaisanter en affirmant qu'avec ces ailes si fortement organisées, les Sauterelles ne volent pas et ne peuvent pas voler ; rien n'est pourtant plus exact ; les ailes de la Sauterelle sont pour elle un parachute, rien de plus. Dans les pays où naissent les grandes Sauterelles voyageuses, il règne, à l'époque où ces insectes parviennent à toute leur croissance, des vents violents qui les emportent par milliers et même par millions, sans qu'il soit possible aux Sauterelles de se diriger à leur gré ; elles ne le pourraient même pas dans une atmosphère tranquille ; leurs ailes ne font absolument que les soutenir en l'air pour aller où les vents veulent les porter, sans qu'il dépende d'elles en aucune façon de modifier leur itinéraire. Nous reviendrons tout à l'heure sur ces migrations si redoutables de la grande Sauterelle ; disons tout de suite que les naturalistes la nomment *Acridie;* ils désignent la petite Sauterelle du centre de l'Europe sous le nom de *Locuste ;* c'est celle que nous examinons en ce moment ; vous la connaissez tous également sous le nom vulgaire de *Criquet*. Achevons de prendre connaissance des organes de la Sauterelle les plus curieux à étudier. Il en est un sur lequel je vous prierai, mes amis, de me croire sur parole ; car, faute d'instruments d'observation, il m'est impossible de vous le faire voir par vos propres yeux ; il est néanmoins trop curieux et trop important pour que je ne vous en parle pas. Voici le fait. Les Sauterelles ont, comme tous les insectes, des organes pour la respiration; or les Sauterelles en voyage, forcées bon gré mal gré, c'est le cas de le dire, d'aller aussi vite que le vent, perdraient bientôt haleine et périraient étouffées, si elles n'étaient pourvues d'un appareil de respiration supplémentaire. Sont-elles tranquilles, ou seulement dans leur état d'activité ordinaire, cet appareil de réserve ne fonctionne pas; sont-elles en voyage, il onctionne et les empêche d'être asphyxiées par la rapidité du mouvement de translation.

§ 5. — Monsieur, dit un élève, vous avez dit, je crois, que les vents emportent ainsi les nuées de Sauterelles voyageuses, à l'époque où elles ont atteint toute leur croissance; ces Sauterelles et les Criquets de notre pays subissent-ils, comme les autres insectes dont vous nous avez déjà parlé, diverses transformations pour arriver à l'état d'insectes parfaits?

— Votre question, mon enfant, mérite une réponse assez étendue. Si vous ouvrez un livre d'entomologie à l'article *Sauterelle*, vous y lirez que cet insecte passe par l'état de *larve*, puis de *nymphe*, pour arriver à celui de Sauterelle parfaite. Dès lors vous vous représenterez l'insecte sous la forme d'un ver, puis sous celle d'une vraie nymphe enfermée dans une chrysalide, et sortant de cette sorte de boîte pour se montrer sous forme de Sauterelle achevée. Quel que soit mon respect pour les données admises par la science et que je n'ai pas la moindre intention de faire modifier, comme les livres dont je vous parle (il y en a de tout à fait élémentaires), pourraient vous tomber entre les mains, et qu'ils feraient naître chez vous des idées en opposition avec les faits, je crois devoir vous en avertir. Voici donc très-exactement comment les choses se passent. Il naît de l'œuf de la Sauterelle une Sauterelle très-petite, mais de tout point semblable à sa mère, sauf la taille et les ailes. Les petites Sauterelles ne sont point ailées; elles naissent au printemps des œufs déposés par leur mère en terre l'année précédente. Les naturalistes disent que ce sont des *larves* de sauterelles; soit. D'après la définition que je vous ai donnée des larves des autres insectes, vous voyez que ce sont là de singulières larves, dont tous les organes, sauf les ailes, sont aussi complets qu'ils peuvent l'être et ne doivent plus subir aucun changement. Ces larves, puisqu'on veut les nommer ainsi, changent trois fois de peau, devenant, à chaque peau renouvelée, un peu plus grandes que précédemment, du reste ne changeant d'aspect sous aucun autre rapport. Après le quatrième changement de peau les ailes commencent à pousser; on dit alors que l'insecte est passé à l'état de nymphe. Remarquez bien que les nymphes des autres insectes sont bloquées dans une boîte où elles ne bougent ni ne mangent en achevant de se transformer, tandis que celles de la Sauterelle mangent et vont à leurs affaires, absolument comme père et mère.

Admettons, puisqu'on le veut, que ce sont des nymphes; mais constatons combien leurs conditions d'existence diffèrent de celles des autres nymphes avec lesquelles nous avons fait ou nous ferons ultérieurement connaissance. Enfin, les ailes se sont complétement développées, et l'insecte est reconnu Sauterelle parfaite. Pour le vulgaire, et pour nous qui en faisons partie, les petites Sauterelles dépourvues d'ailes, d'ailleurs sautant et mangeant comme les grandes, ne font nullement l'effet d'être ni des larves ni des nymphes. Ces explications, mes amis, m'ont paru nécessaires pour répondre à la question qui vient de m'être adressée.

§ 6. — Moi, monsieur, je désirerais savoir si l'observation a permis de reconnaître chez les Sauterelles un instinct qui les porte à s'assembler pour voyager de compagnie, par l'occasion d'un coup de vent?

— Je vous dirai à ce sujet, mon ami, qu'il y a des insectes nommés *sociaux*, parce que comme la Guêpe, la Fourmi, et l'Abeille industrieuse, ils s'entendent et se concertent pour travailler en commun, et qu'ils vivent effectivement en société. Les Sauterelles, tant les *Acridies* que les *Locustes*, ne sont pas des insectes sociaux; rien n'indique du reste que, au moment de leurs grandes migrations, elles fassent autre chose qu'obéir toutes ensemble à une cause de déplacement indépendante de leur volonté.

— Alors, dit un enfant, je ne comprends pas du tout comment il est possible que le hasard seul les réunisse en si grand nombre, juste au lieu, au jour et à l'heure où le vent doit souffler pour les emporter toutes ensemble.

§ 7. — D'abord, mon enfant, dit l'instituteur, il n'y a pas de hasard en histoire naturelle; supprimez donc, je vous prie, cette expression essentiellement fausse. Tout arrive là comme ailleurs, selon les vues de la divine Providence; les plus grandes irrégularités apparentes de la nature sont soumises à des lois régulières dont quelques-unes nous échappent; mais souvenez-vous bien que rien dans la nature ne se fait par hasard. Ici, l'explication du fait particulier que vous attribuez au hasard est des plus simples. Dans les pays incultes, où rien ne gêne leur multiplication, les Sauterelles naissent ensemble, presque le même jour et à la même heure, par légions innombrables; elles subissent ensemble leurs phases de développement; elles prennent ensemble leurs ailes; vous comprenez qu'il ne peut en être autrement. Chaque ponte étant formée d'un paquet d'œufs que la sauterelle femelle dépose en terre dans un trou qu'elle creuse à cet effet, les jeunes sauterelles dépourvues d'ailes quand elles naissent et ne prenant des ailes que longtemps après, ne peuvent jamais s'éloigner beaucoup du lieu de leur naissance; ce lieu, c'est toujours une plaine immense où rien n'arrête l'action des vents. Quant à leur nombre, un calcul très-simple vous en donnera une idée. Il n'est pas rare de voir en France, dans les cantons où la petite Sauterelle est la plus commune, le sol criblé de trous où les femelles ont pondu. J'ai souvent compté plus de 50 de ces trous sur un espace d'un mètre carré; c'était sur le pied de plus de 500,000 trous par hectare, soit à raison de 150 à 200 œufs par trou, en moyenne 175, environ 87 millions 500,000 Sauterelles écloses par hectare. Dans les *steppes* ou prairies désertes de l'orient de l'Europe, à plus forte raison, dans les parties incultes de l'Asie et de l'Afrique centrale, des centaines de milliers d'hectares sont aussi criblés de trous pleins d'œufs de Sauterelles; voyez à quelle somme de milliards cela vous conduit ! C'est-à-dire qu'il faut renoncer à les chiffrer.

§ 8. — Permettez-moi, mes enfants, de m'interrompre

un moment pour vous faire faire une réflexion qui se présente naturellement à ma pensée. Avouez que, depuis que nous nous occupons ensemble de quelques-uns des insectes nuisibles les plus communs, les plus intéressants à connaître, vos idées sur les plaisirs très-permis et les avantages très-réels qui peuvent résulter de l'étude de la nature, de celle des insectes particulièrement, ont singulièrement changé, n'est-il pas vrai? Si, par exemple, au début de nos entretiens, je vous avais proposé un cours abrégé d'*Entomologie*, la longueur du mot, qui veut dire *histoire des insectes*, et son origine grecque, vous auraient sans doute effrayés; vous auriez accepté pour ne pas me désobliger, avec la perspective d'un travail, d'une étude plus ou moins difficile, au lieu d'un délassement auquel, le dimanche, entre les offices, vous avez un droit légitime et incontestable. Eh bien! mes amis, c'est une vive satisfaction pour moi de voir que vous préférez nos entretiens aux jeux de votre âge; j'ai dû vous en féliciter d'abord, ensuite vous en remercier. Car c'est aussi mon délassement du dimanche, à moi, de faire avec vous un peu d'histoire naturelle; mais, pour qu'il en fût ainsi, il me fallait réussir à faire naître en vous le désir de connaître quelques-unes des merveilles de la création, si dignes de notre admiration dans leurs moindres détails. Revenons à nos Sauterelles.

Vous venez de voir pourquoi et comment, sans se donner le mot, sans se concerter pour partir ensemble, n'étant pas du nombre des insectes sociaux, elles naissent à la fois tout près les unes des autres par millions et par milliards, dans des conditions telles, qu'elles doivent être enlevées par les vents violents d'est et de sud-est, et emportées à travers l'atmosphère, où leurs ailes leur servent à se soutenir en qualité de simples parachutes, sans pouvoir, en aucune façon, les aider à se diriger vers un but quelconque. Pendant cette translation aérienne d'une excessive rapidité, elles ne perdent pourtant pas leur présence d'esprit, si je puis employer ici cette expression, et voici ce qui le prouve. Représentons-nous, par exemple, une nuée de Sauterelles qui s'élève, par les causes que je viens de vous expliquer, des *steppes* du sud-est de la Russie, entre le cours du Don et celui du Dnieper ou Borysthène. Le vent d'est les pousse vers les parties plus ou moins cultivées et civilisées de l'Europe orientale. Suivons par terre leur itinéraire; il y aura sur tout le trajet une pluie de Sauterelles; mais, tant que la nuée ne passera ni sur une forêt ni sur un pays cultivé, tant qu'elle sera emportée au-dessus d'un pays nu et désert, couvert seulement d'une maigre et rare végétation de plantes sauvages, nous ne ramasserons pas une seule Sauterelle qui soit descendue à terre volontairement. Celles qui joncheront le sol seront les mortes ou les malades, incapables de suivre le gros de la troupe et forcées par épuisement de se laisser tomber. Mais voici la nuée de Sauterelles qui passe au-dessus d'une forêt; aussitôt des milliers de ces insectes, repliant à demi et très-volontairement leurs parachutes, se laissent tomber et s'accrochent à toutes les feuilles pour les dévorer. Toutes ne sont pas cependant en état de résister à l'impétuosité du courant aérien qui les entraîne; le nuage amoindri, mais non dissipé, poursuit sa route. Partout où, sur leur passage, les Sauterelles voient des bois et des champs cultivés, elles laissent en arrière les plus fatiguées, les plus affamées, les plus pressées de prendre terre, jusqu'à ce qu'enfin la masse entière vienne s'abattre sur les plaines de la Hongrie, où les vents d'est et de sud-est qui ont apporté les Sauterelles sont refoulés par les contre-forts de l'immense rideau des monts Carpathes ou Krapachs.

§ 9. —Vous connaissez la description que donne l'Histoire sainte de la plaie des Sauterelles, une de celles qui furent infligées à l'Egypte avant le départ des Israélites. Hélas ! mes enfants, il n'est pas besoin de remonter jusqu'aux temps antiques pour avoir une idée des misères que cause aux pays où les nuées de sauterelles viennent s'abattre, ce fléau contre lequel l'homme a si peu de moyens de défense! M. le comte C. de Gourcy, dans un de ses voyages agronomiques, a vu en 1852, dans une partie de la Hongrie, les champs dévastés, les populations réduites à la plus cruelle disette par les ravages des Sauterelles; puis les innombrables cadavres de ces insectes, tombant en putréfaction, empoisonnaient l'atmosphère de leurs exhalaisons infectes; des maladies contagieuses en étaient la suite inévitable; elles décimaient en même temps les hommes et les bestiaux. Ainsi, l'apparition dans l'air d'une nuée de Sauterelles, c'est pour les habitants de l'orient de l'Europe, la famine d'abord, la peste ensuite; c'est, pour un temps toujours fort long, la maladie et la misère.

Le récit avait paru si attachant, que personne n'avait voulu l'interrompre. — Monsieur, dit à cet instant l'un des élèves, n'y a-t-il, en effet, rien du tout à faire contre les Sauterelles, rien à opposer à leurs ravages, tels que vous venez de nous les dépeindre?

§ 10. — L'homme, je vous l'ai dit, reprit l'instituteur, peut contre ce fléau bien peu de chose. Voici ce que M. de Gourcy a vu pratiquer près de Szohlnock, en Hongrie. Les plaines immenses comprises entre le cours du Danube et celui de la Theiss, qui coule parallèlement au grand fleuve longtemps avant de se réunir à lui, sont en grande partie livrées à la culture de la pomme de terre. Les cultivateurs font sécher et conservent en meules dans les champs les tiges ou *fanes* de la plante à l'époque de la récolte. S'il se présente des nuées de Sauterelles l'été suivant et qu'elles ne passent pas à une trop grande hauteur au-dessus du sol, on allume de distance en distance des feux de branchages et de tourbe qu'on alimente avec les fanes de la pomme de terre; le principe *narcotique* contenu dans ces fanes, analogue au principe enivrant du tabac, asphyxie les Sauterelles et les fait tomber par millions sur le sol. On se hâte alors de donner un labour profond en sacrifiant la récolte, et de deux maux, on en évite au moins un, celui de l'épidémie pour les gens et de l'épizootie pour le bétail. Cette opération rend, en outre, un signalé service aux cantons du voisinage que les Sauterelles auraient ravagés; mais ce moyen, on le conçoit, n'est pas applicable partout, et les circonstances ne lui permettent pas toujours de réussir.

§ 11. — Je ne comprends pas bien, dit un élève, comment la petite Sauterelle d'Europe, la Locuste, dont nous avons tous ici des échantillons, ne commet pas de ravages analogues à ceux de l'Acridie ou grande Sauterelle voyageuse?

— La raison en est simple, dit l'instituteur. La Locuste

ou le Criquet, Sauterelle commune de l'Europe cultivée et civilisée, pond autant d'œufs et consomme individuellement à peu près autant de matière végétale à l'état frais que l'Acridie voyageuse. Mais ces œufs, déposés en terre seulement à 5 ou 6 centimètres de la surface, sont toujours atteints par le soc de la charrue. Ou bien le labour les écrase, ou bien il les enterre à une profondeur telle, que les jeunes Sauterelles, quand elles viennent à éclore, meurent, faute de pouvoir sortir de terre; ou bien, enfin, et c'est ce qui a lieu le plus souvent, le soc, en retournant la terre, ramène les œufs de Sauterelle à la surface, où ils deviennent la proie des oiseaux insectivores. Il ne peut donc naître, vous le comprenez, qu'un nombre comparativement faible de Sauterelles dans les pays cultivés; il suffit même que les plaines qu'on ne laboure pas soient livrées au parcours des bestiaux pour que les Sauterelles y soient en presque totalité écrasées sous les pieds des troupeaux, avant d'avoir acquis des ailes qui leur permettent de prendre à leur approche une fuite précipitée, par bonds d'une certaine portée. Car, si les ailes des Sauterelles ne leur servent point à voler, vous voyez qu'elles les ouvrent au moment où elles prennent leur élan pour sauter, ce qui les aide assurément à franchir à chaque bond un plus grand espace.

Il en résulte que du moment où l'homme aura pris possession par la charrue des plaines de l'orient de la Russie, voisines de la mer Noire et de la mer d'Azof, du moment où il les aura seulement couvertes de bêtes à laine, ce qui ne peut tarder beaucoup à avoir lieu, les Sauterelles ne pourront plus naître en nombre suffisant pour composer des nuées à l'époque où soufflent les vents d'est; leurs conditions d'existence ne seront plus; elles disparaîtront. Dès à présent les nuées de Sauterelles sont moins nombreuses et leurs invasions moins fréquentes qu'elles ne l'étaient autrefois.

— Est-ce que, dans le reste de l'Europe, dit un élève, la Locuste n'est jamais nuisible? Dans notre pays particulièrement, aucun moyen n'est-il mis en usage pour s'en débarrasser quand il y en a trop?

§ 12. — D'après les faits que je viens de vous exposer, dit

l'instituteur, il est difficile que dans les pays bien cultivés la Locuste soit assez nombreuse pour devenir très-nuisible; il y a toutefois des années où des circonstances favorables à sa multiplication la font naître en nombre suffisant pour qu'elle soit au moins fort incommode. Un labour profond à la suite duquel on livre le sol retourné en automne à des troupeaux de dindons à jeun, est le procédé de l'effet le plus certain qu'on puisse employer pour arrêter la multiplication des Sauterelles. J'ai entendu un professeur d'entomologie conseiller sans rire à son auditoire, dans lequel à la vérité ne se trouvait aucun cultivateur, de prendre de petits couteaux de dix centimes, et de *cerner*, comme une moitié de noix à demi mûre, chaque trou contenant des œufs de Sauterelle toujours déposés par la femelle à très-peu de profondeur. S'il se fût trouvé un seul paysan dans la réunion, il aurait pu faire observer au savant que, d'abord, tous les petits couteaux dits *eustaches*, de la fabrique de Châtelleraut, n'y suffiraient pas, et qu'ensuite la main-d'œuvre d'une pareille opération coûterait quelques centaines de fois plus que ne peuvent valoir les produits que les Locustes pourraient consommer, de sorte que, comme on dit, le jeu n'en vaudrait pas la chandelle.

Cette observation excita l'hilarité des élèves.

— Monsieur, dit l'un d'entre eux, est-il possible qu'un savant, un vrai savant, commette de pareilles bévues?

— Eh! mon Dieu, oui, reprit l'instituteur. Le savant dont je parle, homme d'un mérite réel, qui a rendu et continue à rendre à la science de signalés services, avait été mis en demeure de donner cette année-là son cours sur les insectes nuisibles et les moyens de les détruire. Ces insectes, personne au monde ne les connaît mieux que lui; mais leur influence nuisible sur les produits de l'agriculture; mais les moyens praticables d'arrêter leurs ravages, il n'en connaissait rien du tout, et n'avait pas le courage de dire tout bonnement: Je n'en sais rien; parole toute simple, qui pourtant a bien de la peine à passer par le gosier de certains savants.

Quant aux Locustes, une culture soignée est le meilleur des préservatifs contre leur grande multiplication; il y a ensuite les troupeaux de dindons affamés qui, comme je vous l'ai dit, peuvent détruire un nombre prodigieux de Locustes et de leurs œufs. Enfin, le bon Dieu, à la fin de l'automne, à l'époque des labours de l'arrière-saison, envoie à notre secours les oiseaux du ciel, spécialement les corbeaux, qui suivent à distance le laboureur et lui rendent le service de rechercher dans le sol fraîchement remué, les œufs des Locustes et les larves de tous les insectes ennemis de nos récoltes. Vous voyez par là, mes enfants, que bien qu'elle mérite une place parmi les insectes nuisibles, la Locuste ou Sauterelle du centre de l'Europe n'est jamais dans des conditions telles qu'elle puisse devenir un fléau. Toujours et partout, avec l'aide de Dieu et le sage emploi de l'intelligence que nous lui devons, nous pouvons lutter avec succès contre les insectes nuisibles comme contre toutes les forces brutes de la nature qui nous environne.

Questionnaire.

Qu'est-ce que le chant des Sauterelles? § 1.
Pourquoi la Sauterelle d'Europe est-elle au nombre des insectes nuisibles? § 2.
Quelle est l'origine du mot *Sauterelle*? § 2.
Quel usage la Sauterelle peut-elle faire de ses ailes? § 3.
Quels sont les caractères généraux des insectes orthoptères? § 3.
Quel est le nom des deux espèces de Sauterelles grandes et petites et comment s'opèrent les translations des Sauterelles voyageuses? § 4.
Quels changements subissent les Sauterelles depuis leur naissance? § 5.
En quoi les larves et les nymphes des Sauterelles diffèrent-elles des larves et des nymphes des autres insectes? § 5.
Les Sauterelles s'assemblent-elles volontairement pour voyager? § 6.
Quel nombre de Sauterelles peut être produit par les œufs pondus sur une surface d'un hectare? § 7.
Quelle direction suivent les nuées de Sauterelles qui ravagent souvent l'Orient de l'Europe? § 8.
Quels sont les caractères des ravages des Sauterelles? § 9.
Quel moyen peut-on employer pour détruire les Sauterelles voyageuses? § 10.
Pourquoi la petite Sauterelle commet-elle moins de dégâts que la grande Sauterelle voyageuse? § 11.
Quelles causes limitent la multiplication des Sauterelles dans les pays bien cultivés? § 12.

QUATRIÈME ENTRETIEN.

LE PUCERON NOIR, LE PUCERON VERT, LA TEIGNE DES BLÉS.

§ 1. — Une période de chaleur sèche plus prolongée que de coutume avait exercé une fâcheuse influence sur les champs et les vergers habituellement visités par l'instituteur et ses élèves pendant leurs promenades du dimanche. Cet état de la température avait permis à plusieurs insectes de pulluler sans obstacle; leur nombre s'était accru dans des proportions effrayantes.

— Voyez donc, monsieur, dit un élève, ce champ de fèves qui était encore d'un si beau vert il y a quelques jours, le voilà devenu tout noir : est-ce que la maladie se serait abattue sur les fèves comme sur les pommes de terre?

— Ce n'est point une maladie, mon enfant, qui donne à ces fèves un aspect si triste; c'est le Puceron noir. Il a fallu une chaleur soutenue, sans ondées ni pluies d'orage, pour que le Puceron se soit multiplié à ce point. Si à 40 ou 50 mètres de distance les feuilles et les tiges de ces fèves vous paraissent noires, jugez du nombre de Pucerons dont les plantes doivent être chargées! Il n'y a pour ainsi dire pas de chiffre capable de l'exprimer. Le Puceron noir de la fève n'est pas, d'ailleurs, le seul qui ait profité pour se propager avec excès, des conditions atmosphériques d'un été exceptionnel. Voyez ce colza d'été : ses tiges à peine défleuries et ses siliques à demi formées portent autant de Pucerons verts que celles des fèves portent de Pucerons noirs; et tenez, ici même, sur le bord du chemin, ces hautes tiges de grands chardons sont garnies du haut en bas de milliers de Pucerons.

§ 2. — Regardez, monsieur, comme les Fourmis vont et viennent sur ces chardons en proie aux Pucerons : Est-ce qu'elles s'en nourrissent?

— Elles ne mangent, dit l'instituteur, ni les chardons,

ni les Pucerons; prenez ma loupe et examinez-les avec attention; jamais on ne retient mieux un fait d'histoire naturelle que lorsqu'on a eu l'occasion de l'observer personnellement.

La loupe de l'instituteur passa de main en main; chacun voulut s'assurer par ses propres yeux des procédés dont usaient les Fourmis dans leurs rapports avec les Pucerons. A la rigueur, il eût été possible de vérifier le fait à la vue simple; la loupe permit de le voir encore plus directement. Chaque Fourmi pressait doucement entre ses deux premières pattes, le corps d'un Puceron dont elle faisait sortir, par deux conduits placés à sa partie postérieure, un liquide semblable à une gouttelette de sirop. Après avoir pompé ce sirop avec avidité, la Fourmi allait répéter sur d'autres individus la même opération. Les Pucerons ne paraissaient pas en souffrir d'une manière appréciable; on n'en voyait aucun se débattre entre les pattes des Fourmis; ils semblaient aussi bien portants après qu'avant cette évacuation forcée.

§ 3. — Maintenant que vous avez bien regardé, dit l'instituteur, voici l'explication de tout ce manége. Les Fourmis recherchent surtout les liquides sucrés; c'est, par parenthèse, ce qui, dans les jardins, les attire sur les fruits mûrs. La liqueur qu'elles font sortir du corps des Pucerons est très-sucrée; elles en font grand cas, sans doute; car partout où les Pucerons sont, comme ici, très-multipliés, on peut être sûr qu'une fourmilière n'est pas loin. Souvent c'est au pied même des grands chardons attaqués du Puceron, que les Fourmis fixent leur domicile. Vous ne serez pas surpris, d'après cela, d'apprendre que les naturalistes ont surnommé le Puceron *la vache à lait* des Fourmis. Nous aurons encore d'autres faits fort curieux du même genre à observer, un jour où nous nous occuperons particulièrement des Fourmis; donnons pour le moment toute notre attention aux Pucerons. Nous venons d'en voir deux très-faciles à distinguer l'un de l'autre, en raison de leur couleur, l'un étant noir, l'autre vert; nous avons, vous le voyez, tout autour de nous des sujets d'observation; ils ne sont que trop multipliés.

Quelques élèves allèrent chercher des tiges de fèves chargées de Pucerons noirs; le champ de colza d'été et les chardons croissant sur une partie du revers d'un fossé faisant en ce moment pour l'instituteur et ses élèves les fonctions d'un banc de gazon, leur fournirent des Pucerons verts.

§ 4. — Vous avez dû être frappés bien des fois, mes amis, reprit l'instituteur, de ce fait réellement étrange qu'un soir on ne voit pas un Puceron, et que le lendemain matin on en voit des millions. Cette faculté de propagation presque instantanée est en effet ce que l'histoire naturelle du Puceron offre de plus curieux. Sa structure est, comme vous le voyez, fort peu compliquée; les naturalistes ont réuni tous les Pucerons dans un ordre à part sous le nom d'*Aphidiens;* chaque genre de Pucerons en particulier se nomme *Aphis;* on y ajoute le nom de la plante aux dépens de laquelle il subsiste; on dit par conséquent l'Aphis du chou, l'Aphis de la fève; pour nous, bornons-nous à dire tout bonnement, Puceron.

— Monsieur, dit un élève, est-ce qu'effectivement chaque genre de Pucerons vit aux dépens d'une plante et n'en attaque pas d'autres?

— Cela est admis par les naturalistes, mon ami; mais, sauf tout le respect dû à des gens qui en savent beaucoup plus que moi, cela n'est nullement prouvé. Voyez ces deux Pucerons, l'un de la fève, l'autre du colza; à l'exception de la couleur, ils diffèrent si peu que, même en les observant au microscope, vous diriez : c'est le même insecte; et vous auriez probablement raison. Vous savez, mes amis, qu'en se desséchant, les cosses ou siliques de la fève et toutes les parties de la plante passent du vert clair au noir violet. Il est très-possible que le suc de la fève absorbé par le Puceron subisse dans son corps le même changement de couleur et qu'il n'existe réellement pas de Puceron noir et de Puceron vert comme espèces séparées.

§ 5. — Les mâles des Pucerons ont des ailes; les femelles n'en ont pas, ce que les naturalistes expriment en disant que le Puceron mâle est *ailé* et que le Puceron femelle est *aptère*. Ce dernier mot désigne tous les insectes qui n'ont point d'ailes; nous en retrouverons d'autres encore dont les mâles sont ailés et les femelles aptères. Dans tous ceux que nous avons ici sous les yeux, il n'y a que des femelles; les mâles ne naissent qu'à la fin de la saison; les femelles sont alternativement *vivipares* et *ovipares*, fait unique non-seulement parmi les insectes, mais aussi parmi tous les animaux.

— Je crois, monsieur, dit un élève, que pas un de mes camarades ne connaît plus que moi le sens des mots *vivipare* et *ovipare*, que nous entendons pour la première fois.

— J'attendais cette question, prêt à y répondre, dit l'instituteur; je voulais voir si vous laisseriez passer sans en demander l'explication, des mots dont le sens ne vous est pas connu. On nomme *vivipares* les animaux dont les petits naissent vivants, et *ovipares* ceux qui se reproduisent par des œufs. Tous les oiseaux, presque tous les poissons et les insectes, sont ovipares. Parmi les quadrupèdes ou animaux à quatre pieds, dont les femelles allaitent leurs petits, et qu'on nomme pour cette raison *mammifères*, il n'y en a qu'un seul, sans plus, qui soit ovipare; on le nomme *ornithorhynque;* il appartient à l'Australie. Je résiste au plaisir de vous raconter les particularités très-curieuses qui concernent cet étrange animal; nous avons encore trop de choses à considérer dans le Puceron.

§ 6. — Par une exception unique, cet insecte est doué des deux manières de se propager. Les œufs pondus par les femelles à la fin de l'automne, se conservent pendant l'hiver; ils donnent naissance au printemps de l'année suivante à une première génération exclusivement composée d'individus femelles. Durant toute la belle saison, ces femelles continuent à produire, non des œufs, mais des individus femelles, qui naissent tout formés; ces femelles, excessivement nombreuses, vous le voyez, sont vivipares comme leurs mères; elles ne donnent naissance qu'à des Pucerons femelles jusqu'aux derniers beaux jours de l'automne. Alors elles donnent naissance à une dernière génération formée de femelles *aptères* et de mâles ailés. Les femelles de cette génération sont exclusivement ovipares; si elles ne l'étaient pas, la race des Pucerons s'éteindrait, car pas un seul ne survivrait aux premiers froids de l'hiver, tandis que les œufs ne sont pas altérés par la gelée ; ces femelles, comme toutes les femelles d'insectes, meurent dès que leur dernier œuf est pondu, et le même cercle de reproduction est parcouru pour l'année suivante.

§ 7. — Un élève demanda si chaque Puceron individuellement avait une existence passablement longue.

— Non, mon ami, fort heureusement, dit l'instituteur. Un célèbre naturaliste, nommé Réaumur, dont les observations et les calculs ont beaucoup d'autorité dans la science, porte à *plusieurs millions* le nombre des Pucerons produits dans *une seule* saison par *une seule* femelle : que deviendrait la végétation si tout cela vivait en même temps? Chaque Puceron ne vit que pendant un temps fort court ; souvent la durée de sa vie ne dépasse pas quelques heures, ce qui lui suffit pour laisser après lui une famille innombrable, et pour exercer des ravages très-sérieux sur divers produits de nos champs et de nos jardins. Les Pucerons néanmoins ne mangent pas les plantes dans le sens direct du mot *manger ;* ils sont dépourvus de mâchoires ou d'autres organes analogues ; ils sucent seulement la séve, et c'en est assez pour causer aux plantes délicates un dommage souvent irréparable.

§ 8. — Quels sont, monsieur, je vous prie, les moyens de destruction à opposer à la race si féconde des Pucerons?

— Il y en a plusieurs, d'un effet toujours certain lorsqu'il s'agit seulement d'opérer sur une petite échelle. Dans le jardin de l'école, quelques bouffées de fumée de tabac m'ont débarrassé des Pucerons verts qui attaquaient les boutons de nos rosiers ; une légère infusion de tabac a fait justice des Pucerons noirs qui s'en prenaient à nos fèves juliennes. Pour une très-petite culture, ne dépassant pas les dimensions de quelques carrés de jardin, la peine et la dépense sont insignifiantes ; dans la grande culture, ces procédés ne sont pas applicables.

— Comment, monsieur, il faut se résoudre à voir périr une récolte de colza comme celle de ce champ qui ne vaudra pas la peine d'être récoltée, et se croiser les bras devant ces légions de misérables insectes?

— Je n'ai pas dit cela, mon enfant. Ici, par exemple, le dommage pouvait être évité par un moyen préventif des plus simples. Dites-moi, vous qui déjà secondez votre père dans les travaux des champs, avez-vous jamais vu le Puceron attaquer le colza d'hiver, ou colza bisannuel, qu'on repique en automne et qui fleurit au printemps de l'année suivante?

§ 9. — Le Puceron, répondit l'enfant, ne se met jamais dans le colza d'hiver.

— Pourquoi cela? N'en soupçonnez-vous pas la raison?

— Non, monsieur, les deux plantes sont pourtant bien à peu près les mêmes.

— Vous pourriez dire qu'elles sont tout à fait les mêmes, sans vous tromper. Mais voici ce qui a lieu quant aux attaques du Puceron. La variété annuelle semée au printemps comme l'a été ce colza perdu par cet insecte, fleurit en plein été, au moment où les circonstances atmosphériques sont le plus favorables à la propagation des Pucerons; en quelques jours de sécheresse il en naît des milliards. L'autre colza, au contraire, a fleuri et formé ses graines longtemps avant la saison propice à la propagation du Puceron: c'est là tout le mystère.

§ 10. — Alors, monsieur, dit un élève, comment donc aurait-il été possible d'empêcher les Pucerons d'envahir ce colza d'été?

— Tout simplement, mon ami, en le semant un peu plus tard: il aurait encore assez de beau temps devant lui pour mûrir sa graine, et il n'aurait fleuri qu'après les fortes chaleurs sèches que nous subissons en ce moment. La perte qu'éprouvera le cultivateur sur ce colza pouvait donc, vous le voyez, être facilement évitée, sans lui imposer aucune espèce de frais ni d'embarras.

— Peut-on de même éviter les ravages du Puceron noir de la fève?

— Non pas, malheureusement. On ne peut s'opposer à sa multiplication qu'en enlevant, dès qu'on les remarque, les feuilles et les sommets des tiges sur lesquelles se montrent les Pucerons noirs; mais, lorsque le mal est assez avancé pour qu'on s'en aperçoive, il est presque toujours trop tard pour y porter remède. Au reste, on voit très-rarement un champ de fèves aussi cruellement maltraité que celui qui vous a fourni ces échantillons de Pucerons; il suffit d'une bonne pluie et d'un léger abaissement de la température pour tuer cet insecte qui paraît être encore plus délicat que le Puceron vert; des ravages semblables à ceux que nous avons sous les yeux ne peuvent se reproduire que de loin en loin.

§ 11. — Monsieur, dit un élève, en tirant de la poche de sa veste un petit cornet de papier qu'il ouvrit avec précaution, voici de petits papillons gris argentés que j'ai pris dans la grange où mon père a rentré son froment en gerbes; j'ai cru d'abord que c'étaient des Alucites; mais ils m'ont semblé beaucoup plus petits et d'un aspect un peu différent; voici ensuite de petits objets que je ne sais trop comment qualifier. Je m'étais figuré d'abord que c'étaient des chrysalides et qu'il en sortirait des papillons; mais, en les fendant avec mon canif, j'ai vu qu'ils contenaient non pas une nymphe, mais une petite chenille fort vivace qui peut en sortir et y rentrer à volonté, sans toutefois s'en séparer complétement. Ces chenilles sont-elles celles du papillon dans le voisinage duquel je les ai rencontrées, ou bien appartiennent-elles à un autre insecte?

— Commençons par les chenilles, dit l'instituteur; vous avez très-bien supposé qu'elles pouvaient être celles du petit papillon que vous me présentez et que nous examinerons tout à l'heure; ce papillon n'est pas une Alucite, comme vous vous en êtes douté en l'observant; c'est une *Teigne*, et c'est même la plus pernicieuse de toutes. Avant d'aller plus loin, qui est-ce qui sait ce que c'est qu'une Teigne?

§ 12. — Ma mère, dit un enfant, nomme Teignes de petits papillons peu différents de celui-ci, et qui font son désespoir en dégradant pendant l'été tous les vêtements de laine qu'on ne porte pas dans cette saison.

— Vous retiendrez donc, dit l'instituteur, très-facilement le nom de ce petit Lépidoptère, puisque son nom vulgaire de Teigne est adopté par les naturalistes. Les chenilles des Teignes, contrairement à la plupart des autres chenilles qui vont et viennent librement pendant leur existence comme larves, se construisent un étui ou fourreau qui leur sert de retraite. Quand cet étui n'est pas fixe et que la chenille l'emporte avec elle, les naturalistes donnent à l'insecte le nom d'*œcophore*, tiré de deux mots grecs qui signifient *porte-maison,* parce qu'en effet, comme la tortue, la Teigne œcophore emporte avec elle son domicile ; c'est ce que fait celle dont vous m'avez apporté des échantillons. Plus tard, elle s'y enferme tout à fait pour passer à l'état de nymphe et en sortir définitivement sous forme de papillon. Vous voyez, mes enfants, que sauf le fourreau transportable, cette chenille se comporte comme l'Alucite quant à ses transformations.

§ 13. — La Teigne du blé, avant que l'Alucite eût exercé sur les froments les terribles ravages qui l'ont rendue si redoutable depuis quelques années, passait pour l'ennemi le plus dangereux des céréales après le Charançon. Il suffit de lui accorder un coup d'œil pour reconnaître chez cet insecte, la tête avec ses deux longs filets nommés *antennes*, le *corselet*, l'*abdomen*, vous savez ce que signifient ces expressions ; et enfin, les quatre ailes en deux paires de grandeurs inégales, qui constituent les caractères des insectes lépidoptères ou papillons, que je vous ai déjà fait connaître. La Teigne du blé attaque spécialement le froment et l'orge, non pas, comme l'Alucite, depuis l'époque de la maturité des grains, mais depuis le moment où l'épi sort de son fourreau, au commencement du mois de mai. A partir de cette époque jusqu'aux approches de la moisson, les épis sont en butte aux attaques de la Teigne ; elle dépose dans l'épi ses œufs que la chaleur de la saison fait très-promptement éclore ; les chenilles nées de ces œufs produisent de mai en août deux ou trois générations de Teignes ; puis, dans les gerbes rentrées en grange ou conservées en meule, les œufs de la Teigne éclosent en foule, sans que rien dérange les chenilles occupées à dévorer les grains avant de devenir nymphes et enfin papillons, dans le très-petit fourreau qu'elles traînent partout avec elles, en leur qualité de Teignes œcophores. Plusieurs machines, dont une d'invention toute récente porte le nom de *tue-teigne*, ont été proposées pour délivrer les grains de ce dangereux ennemi; elles atteignent plus ou moins leur but, mais seulement avec des frais fort lourds de main-d'œuvre, outre l'achat des machines qui coûtent fort cher.

— C'est-à-dire, dit un élève, qu'à moins d'être gros meunier ou gros marchand de grains, il n'y a pas moyen de s'en servir.

— Pour les petites provisions, dit l'instituteur, il faut agir comme pour se garantir contre les ravages de l'Alucite. Battre les grains le moins longtemps possible après la moisson, puis remuer souvent à la pelle les grains battus, après les avoir déposés dans un grenier tenu avec une propreté minutieuse : tels sont les moyens de prévenir aux moindres frais possibles la propagation de la Teigne des blés. J'ajoute, mes amis, que dans les cantons où les cultivateurs, soigneux de leurs intérêts, emploient assidûment ces deux procédés, la Teigne disparaît bientôt complétement, parce qu'il ne se trouve plus de papillons pour déposer leurs œufs dans les épis, au moment où ceux-ci commencent à se former. Vous voyez que pour tous les insectes nuisibles, nous nous trouvons constamment en présence du même fait : il dépend en grande partie de nous, soit de les détruire complétement, soit d'en contenir la multiplication dans des limites tolérables.

Questionnaire.

A quoi tient l'aspect noir que présentent quelquefois les tiges de fève sur pied, et d'où provient la couleur noire du Puceron? § 1.
Comment les Fourmis vivent-elles aux dépens du Puceron? § 2.
Pourquoi le Puceron est-il la vache à lait de la Fourmi? § 3.
Quels sont les caractères des insectes aphidiens? § 4.
Quel est le sens des mots aptère, ovipare et vivipare? § 5.
Le Puceron est-il ovipare ou vivipare? § 6.
Quel nombre de Pucerons peut produire en un an une seule femelle? § 7.

Quelle est la durée de l'existence d'un Puceron ? § 7.
Comment peut-on s'opposer à la propagation du Puceron? § 8.
Pourquoi le Puceron n'attaque-t-il pas le colza d'hiver? § 9.
Comment peut-on préserver du puceron le colza d'été ? § 10.
Quels sont les caractères du papillon de la Teigne des grains ? § 12.
Pourquoi plusieurs Teignes sont-elles surnommées œcophores? § 12.
Quels sont les moyens praticables de détruire la Teigne des blés ? § 13.

CINQUIÈME ENTRETIEN.

LA TIPULE, LE CHLOROPS, LA CECIDOMYE.

§ 1. — Dans ses promenades avec ses élèves à la recherche des insectes nuisibles, l'instituteur avait soin de ne jamais les prévenir d'avance du sujet particulier qu'il se proposait de traiter, ajoutant ainsi au plaisir qu'ils trouvaient dans ses entretiens sur l'histoire naturelle tout le charme de l'imprévu. Par une belle journée de la fin du mois d'août, il les conduisit dans une vaste prairie où il savait rencontrer assez de sujets d'observations.

— Mes enfants, leur dit-il, profitons, pour nous promener dans ces prés que les dernières pluies d'orage ont rendus aussi verts qu'ils l'étaient au printemps, du moment où l'herbe est encore peu avancée dans sa croissance, ce qui nous permet de marcher dessus sans faire aucun tort au dernier regain; car, dans notre chasse aux insectes, c'est un devoir rigoureux pour nous de ne jamais poser le pied là où nous pourrions craindre de causer aux produits du sol le plus léger dommage.

§ 2. — On avait à peine fait quelques pas sur le tapis vert encore paré çà et là de quelques gracieuses fleurs sauvages, lorsqu'un des enfants dit en saisissant par les ailes un gros insecte qui s'était posé sur sa main : « Je te tiens, toi; tu ne me piqueras pas.»

—Je ne pense pas, dit l'instituteur, que cet insecte ait la moindre envie de vous piquer, mon enfant, et puis, si l'envie lui en prenait, il serait fort en peine pour la satisfaire : d'une part, il est de ceux qui, sous leur forme définitive, ne prennent aucune nourriture; de l'autre, il n'a ni suçoir ni aiguillon.

— Voilà, par exemple, monsieur, ce que je ne pourrais croire si un autre que vous me le disait; j'ai toujours pris cet insecte pour un gros *Cousin* plus redoutable que le petit.

— Ce n'est pas un Cousin; il n'est même le cousin du Cousin qu'à un degré de parenté fort éloigné; enfin, il est, par rapport à nous, aussi complétement inoffensif que le vrai Cousin est malfaisant; on le nomme *Tipule;* la Tipule a le tort, si c'en est un, d'offrir en grand la reproduction assez fidèle du Cousin.

§ 3. — La Tipule, dit un enfant, n'est donc pas un insecte nuisible?

— J'ai dit, reprit l'instituteur, qu'elle ne peut ni sucer ni piquer, étant dépourvue d'organes propres à cet usage; elle ne nuit donc directement ni à l'homme ni aux animaux domestiques; mais je n'ai pas dit qu'elle ne fût pas nuisible d'une autre manière; elle l'est, au contraire, à un très-haut degré dans un ordre différent, ainsi que nous allons nous en assurer; nous sommes venus dans cette prairie principalement dans ce dessein.

Remarquez bien, mes amis, combien la Tipule diffère des insectes nuisibles observés par nous jusqu'à présent; elle appartient à un ordre d'insectes que les naturalistes nomment *Diptères,* ce qui veut dire *deux ailes,* parce que la présence de deux ailes seulement est le caractère constant de tous les insectes de cet ordre; ce caractère est, vous le voyez, très-saillant chez la Tipule. L'excessive longueur de ses six grandes pattes minces comme des fils, est encore un caractère très-prononcé, qui permet de ne confondre la Tipule avec aucun autre insecte.

Vous, mon ami, laissez aller votre Tipule, et n'ayez plus

peur désormais d'être piqué pas ses semblables; vous savez que c'est chose impossible.

Maintenant, mes enfants, baissez-vous et ne bougez pas; cette prairie est pleine de Tipules; vous allez en voir des centaines se promener entre les herbes dans une singulière position.

§ 4. — En effet, dit un élève, j'en vois plusieurs autour de moi qui paraissent goûter le plaisir de la promenade, en marchant le corps droit, la tête haute, l'air dégagé; cependant elles n'avancent pas bien vite; elles semblent s'aider de leurs ailes qu'elles agitent sans cesse, et de leurs pattes qu'elles accrochent à tous les brins d'herbes placé devant elles. De temps à autre, elles s'arrêtent et l'on dirait que, pour se donner plus d'aplomb, elles enfoncent en terre le bout très-pointu de leur abdomen.

— Toute votre observation est juste, mon enfant, sauf en un seul point, fort essentiel d'ailleurs, et au sujet duquel je dois vous faire connaître votre erreur.

— En quoi me suis-je trompé, monsieur, je vous prie?

— En attribuant au besoin de consolider sa position, la peine que prend la Tipule d'enfoncer l'extrémité de son corps dans la terre. Toutes celles qui accomplissent ce travail, car c'en est un qui de leur part exige une grande dépense de force, sont des femelles; le trou qu'elles creusent ainsi en terre est destiné à recevoir leurs œufs. Elles pondent de place en place des œufs très-petits desquels sortent des vers dépourvus de pattes qui, sans changer de peau deviennent des nymphes et sortent de terre sous forme de Tipules parfaites, lesquelles tout aussitôt recommencent à pondre.

— Il faut, monsieur, que les œufs de la Tipule soient réellement bien petits; je viens d'enlever et de diviser avec beaucoup de soin sur un morceau de papier blanc, une petite motte de terre où une Tipule venait de pondre; je n'y distingue pas la moindre trace d'œufs à la vue simple; pourrais-je les voir avec votre loupe?

— Non, mon enfant, parce que, d'une part, les œufs de Tipule sont excessivement petits, de l'autre parce qu'ils sont d'un brun de la même nuance que la terre à laquelle ils sont mêlés.

— Vous ne nous avez pas dit, monsieur, quel genre de dégât peut commettre la Tipule.

— Ce n'est pas elle qui nuit directement aux biens de la terre, ce sont ses larves qui, dans certaines circonstances, sont très-multipliées, et rongent sous terre les racines des plantes cultivées, surtout celles de l'avoine et aussi celles des herbes dont se composent les prairies naturelles. Les faits les plus faciles à constater en entomologie attirent en général si peu l'attention des naturalistes que, jusqu'à ces derniers temps, la larve de la Tipule a passé pour ne nuire aux plantes qu'en fouillant et bouleversant la terre par-dessous leurs jeunes racines. Il est certain que ces larves pratiquent sous les avoines et sous les touffes de gazon des prairies, des vides où l'air s'introduit, ce qui les dessèche et les fait périr; mais, de plus, elles rongent et consomment comme aliment les racines fibreuses des mêmes plantes, et c'est leur manière principale d'en opérer la destruction. Pour mettre fin à toute discussion à ce sujet, M. Stickney, naturaliste anglais, a vérifié le fait par la voie la plus sûre, celle de l'expérience directe; il a vu et fait voir à une foule d'entomologistes, les larves de Tipules mangeant des racines d'avoine.

§ 9. — Monsieur, dit un élève, je vois dans cette prairie une multitude de Tipules; la terre de ce pré a dû contenir et contient sans doute encore bien des larves de tipules, et je ne remarque pas qu'elles aient fait un dégât bien sensible.

— En effet, dit l'instituteur; mais, il arrive parfois, surtout en Angleterre, que ses ravages deviennent fort sérieux. MM. Kirby et Spence ont observé près d'Holderness des centaines d'hectares de prairies entièrement dévastés par les Tipules; à l'exception de quelques chardons trop durs pour elles, toute végétation avait disparu. Ayant mesuré un pied carré de gazon, ils y comptèrent 210 larves de Tipule. Le pied anglais a juste 0^m, 30 de long : combien y avait-il de larves par hectare, en supposant que toute la prairie en fût également infestée ?

Un élève ayant fait le calcul avec un crayon sur un carré de papier, trouva qu'il devait y avoir 2,310 larves par mètre carré, par conséquent 23 millions 400,000 larves par hectare.

— Quand la multiplication est poussée à ce point, dit l'instituteur, le mal est sérieux, et il est fort nécessaire de chercher à y remédier. Si la prairie est d'une étendue médiocre, on l'arrose largement de jus de fumier en fermentation qui fait périr en terre toutes les larves et qui donne en même temps une bonne fumure à la prairie; celle-ci, grâce aux graines de plantes fourragères que son sol contient toujours en abondance, ne tarde pas à reverdir. Ce procédé n'est pas applicable aux très-grandes prairies comme celle dont je viens de vous parler; en pareil cas, il n'y a d'autre ressource que de labourer la prairie et d'en livrer la terre pendant un an ou deux à d'autres cultures; les Tipules disparaissent et la prairie peut être rétablie sans craindre une nouvelle invasion des larves de ces insectes.

§ 6. — Vous venez de voir comment pondent les Tipules; j'ajoute qu'elles ne pondent jamais que dans des terrains couverts d'herbes comme celui-ci, soit en raison du besoin qu'elles ont d'un appui, pour se tenir droites pendant la ponte, soit en vertu de cette grande loi de la nature qui veut que toute femelle d'insecte dépose ses œufs à portée des aliments qui conviennent à ses larves, même quand ces aliments ne conviennent pas à l'insecte parfait, ou que, comme la Tipule, il ne mange pas du tout sous sa dernière forme.

— Monsieur, dit un élève, le printemps dernier une partie de nos avoines a été ravagée par de petites larves qui en mangeaient les racines; mon père disait que son avoine *avait le ver;* ce devait être des larves de Tipules. Cependant, avant de porter cette avoine, le champ avait été cultivé en pommes de terre précoces, puis labouré et laissé en cet état jusqu'aux semailles de l'avoine. Comment ce champ pouvait-il contenir des larves de Tipules, si cet insecte ne pond pas dans une terre sans végétation? Est-ce que ces larves peuvent voyager sous terre pour passer d'un champ dans un autre? Elles ne semblent guère capables d'un pareil travail.

— En effet, dit l'instituteur, leurs forces ne sauraient y

suffire; mais quelle récolte avait précédé les pommes de terre?

— C'était un trèfle de deuxième année, qu'on avait rompu au printemps pour planter les pommes de terre.

— Et, à quelle époque la récolte fut-elle enlevée?

— Vers la fin de juin, après quoi le sol labouré ne fut plus remué jusqu'en février de l'année suivante.

— Le fait, dit l'instituteur, s'explique donc très-naturellement. Les Tipules pondent avec prédilection dans le trèfle, et c'est pourquoi l'avoine qui succède immédiatement à un trèfle est toujours en butte au ver, c'est-à-dire aux attaques des larves de la Tipule. La précaution de placer dans l'intervalle une récolte de pommes de terre, contre lesquelles ces larves ne peuvent rien, était fort sage, et elle aurait eu pour effet la disparition complète des Tipules, si le sol n'était resté intact depuis le mois de juillet d'une année jusqu'en février de l'année suivante. Vous comprenez que, durant un si long intervalle, la mauvaise herbe a dû s'en emparer, si bien que nul emplacement ne pouvait mieux convenir aux Tipules pour pondre sans être dérangées. Les œufs de Tipules très-durs malgré leur petitesse, n'ont pas été tous détruits par le labour et les hersages donnés au sol pour semer l'avoine; il en est resté assez pour donner naissance à une génération nombreuse de larves qui a fort endommagé cette récolte; le mal aurait pu être évité, si le sol avait reçu une ou deux façons superficielles en temps utile pour empêcher la mauvaise herbe d'y croître; les Tipules, le trouvant complétement nu, seraient allées pondre ailleurs, soyez-en certains, et l'avoine n'aurait pas été en partie la proie de leurs larves.

§ 7. — Tout en poursuivant leur promenade avant de rentrer à la maison, les élèves, presque sans en avoir l'intention bien arrêtée d'avance, signalaient à l'instituteur tous les insectes qui leur semblaient offrir quelque particularité remarquable.

— Voyez, monsieur, dit l'un d'eux, la jolie mouche! On la prendrait pour une mouche commune à laquelle elle ressemble tout à fait par la forme et le volume; mais ses deux gros yeux d'un vert brillant et les deux lignes courbes élégantes d'un beau jaune, tracées sur le noir brillant de son corselet, lui donnent une beauté qui manque à la mouche ordinaire ; ce doit être une espèce distincte : est-ce un insecte nuisible ?

— L'instituteur examina attentivement la mouche qui lui était présentée. Vous faites réellement, dit-il à l'élève, des progrès dont je vous félicite, dans la manière d'envisager les insectes qui se rencontrent sur notre passage. Il y a trois mois, vous n'auriez vu dans cet insecte qu'une mouche, et vous n'auriez pas même songé à vous informer s'il en existe de plusieurs espèces. Je ne vous demande pas à quel ordre d'insectes elle appartient; vous le savez assurément.

L'élève s'empressa de répondre que ce devait être un insecte *diptère*, et qu'il croyait y reconnaître les caractères décrits par l'instituteur comme distinctifs de cet ordre.

— Vous ne vous trompez pas, mon enfant; un autre jour, quand nous nous occuperons spécialement des mouches, je vous ferai connaître les particularités intéressantes qui concernent la division des *Diptères* que les naturalistes nomment *Muscidés*, ou mouches proprement dites. Celle-ci, dont vous avez fort bien vu le trait saillant du premier coup d'œil, se nomme *Chlorops*.

§ 8. — Que signifie ce mot, je vous prie ?

— Il exprime précisément ce qui vous a le plus frappé ; il vient de deux mots grecs qui veulent dire : *yeux verts*.

— Monsieur, dit un autre élève, je vous rappelle la question d'un de mes camarades : Le Chlorops est-il un insecte nuisible, et quel genre de dommage nous peut-il causer, s'il n'est point inoffensif?

— Le Chlorops, reprit l'instituteur, est inoffensif comme la Tipule, en ce sens qu'il ne pique ni l'homme ni les animaux, bien qu'il soit muni d'un suçoir semblable à celui de la Mouche commune. Mais il est très-nuisible à la première de nos céréales, au froment, auquel il fait quelquefois un tort considérable. Vous, mon ami, en qui je remarque avec satisfaction l'étoffe d'un bon laboureur, vous me disiez tout à l'heure que l'avoine de votre père avait quelquefois le ver ; je vous ai expliqué que le ver de l'avoirie n'est autre que la larve de la Tipule. Ne vous souvenez-vous pas d'avoir vu aussi le froment attaqué du ver? Le ver du froment c'est la larve du Chlorops, larve fort petite, car sa longueur ne dépasse jamais deux à trois millimètres, mais qui n'en est pas moins nuisible.

— Monsieur, dit l'élève, j'ai entendu dire à mon père que le froment, dans nos pays, a rarement le ver, et qu'il en est ordinairement attaqué au printemps quand l'hiver précédent a été précoce; cette observation est-elle juste?

— Parfaitement juste; et savez-vous sur quoi elle est fondée?

— Non, monsieur; c'est une simple remarque faite par les anciens cultivateurs et qui se trouve presque toujours justifiée; mais j'ignore complétement pourquoi.

§ 9. — C'est, mon enfant, que la gentille hirondelle, sans cesse en mouvement pour rechercher les insectes dont elle se nourrit, part de bonne heure quand l'hiver doit devancer son époque habituelle sous notre climat : son instinct, qui ne la trompe jamais, l'en avertit. Beaucoup de larves de Chlorops déjà converties en nymphes restent en terre, dans ce cas, à l'époque du départ des hirondelles. Il sort de ces nymphes des mouches semblables à celle que nous observons en ce moment; ce sont des Chlorops sous leur forme définitive. Or, voici comment ces mouches se comportent par rapport aux froments. N'étant pas très-sensibles au froid, presque toutes vivent encore à l'époque où les froments semés de bonne heure sortent de terre; les femelles du Chlorops déposent au centre de chaque jeune plante de froment un œuf qui s'y conserve pendant l'hiver et ne cause à la récolte aucun tort apparent jusqu'au retour de la belle saison. Alors il sort de l'œuf une toute petite larve blanche (c'est le ver de blé), qui se met à ronger intérieurement le centre de la tige, de sorte que l'épi ne peut s'y former. La racine n'étant pas attaquée, le blé semble chercher à réparer ses pertes en émettant un grand nombre de rejetons; mais, comme la présence du Chlorops à l'intérieur de sa tige centrale rend la plante plus ou moins malade, ces rejetons restent nains et ne donnent que des épis chétifs, à peu près vides. C'est pourquoi les naturalistes ont ajouté à son nom de *Chlorops*, dont je vous ai montré la signification, celui de *pumilionis*, nom tiré du latin et qui veut dire littéralement : Chlorops *qui rend nain*, parce que, en effet, ainsi que je viens de vous l'expliquer, le blé attaqué du *Chlorops pumilionis* ne grandit pas et reste fort au-dessous de la hauteur propre à son espèce. J'avoue que le nom de *Chlorops pumilionis* est pour vous un peu long, un peu bizarre, et j'ai cru devoir vous en bien expliquer le sens pour vous aider à le retenir. Je ne puis vous dire le nom vulgaire de cet insecte, par l'excellente raison qu'il n'en a pas. En Angleterre, où les notions d'entomologie usuelle sont plus communes qu'elles ne le sont en France parmi les cultivateurs, on nomme le Chlorops pumilionis, *mouche de la tige de blé*; chez nous on connaît le ver du froment, sans savoir qu'il provient des œufs de cette mouche qui, pour cette raison, n'a pas de nom vulgaire.

§ 10. — L'hirondelle, dit un élève, a-t-elle une préférence pour le Chlorops pumilionis?

— Non, mon enfant; mais quand l'hiver ne devance pas l'époque ordinaire de son retour, le Chlorops résistant mieux aux premiers froids que les autres insectes, il arrive un moment où l'hirondelle, pendant les quinze jours qui précèdent immédiatement son départ, ne trouve presque plus que des Chlorops; vous comprenez qu'elle en opère la destruction presque complète. Il en reste seulement assez pour continuer la race, et le ver de blé, pendant plusieurs années, ne se montre pas en nombre dangereux, bien qu'il y en ait toujours un peu çà et là.

§ 11. — Ceci, mes enfants, vous montre, pour le dire en passant, combien il importe de respecter les nids des oiseaux qui se nourrissent uniquement d'insectes, comme l'hirondelle.

— Vous savez bien, monsieur, dit un élève, que chacun de nous se ferait un scrupule de déranger un nid d'hirondelle. Tout le monde sait, à la campagne, combien elle est utile; personne n'ignore d'ailleurs qu'elle ne touche, pour se nourrir, à aucun produit de la terre.

— C'est vrai, mon enfant; mais l'opinion générale ne

protége pas de même tous les oiseaux non moins utiles que l'hirondelle. Vous qui parlez, je me souviens très-bien de vous avoir vu, ce dernier printemps, jouer avec un gros chapelet d'œufs de fauvettes, de rouges-gorges et de roitelets, enfilés comme des perles, et de vous avoir averti du tort que la destruction de ces utiles oiseaux cause aux récoltes, qu'eux seuls, de concert avec l'hirondelle, peuvent protéger contre l'excessive multiplication des insectes. Si nous avions le temps, je vous dirais une foule de choses intéressantes sur ces jolis oiseaux qui, outre leur mérite comme chasseurs d'insectes, sont presque tous d'excellents musiciens qui nous donnent leurs chansons par-dessus le marché. Avant de rentrer, je vous raconterai seulement ce qui est arrivé cette année même à deux de mes proches voisins.

§ 12. — A l'époque où le froment est en fleur, l'un d'eux vit s'abattre sur son champ des nuées de fauvettes, de rouges-gorges, de tharins et de verdiers. Il les vit voltiger en tournoyant autour des épis de blé, et s'imagina que ces pauvres oiseaux mangeaient son froment. Que fit-il, dans cette conviction si mal fondée ? Il se construisit sur le bord de son champ une cabane de feuillage, et de là, posté en embuscade de grand matin, il fusilla sans pitié les pauvres oiseaux chanteurs qui ne venaient dans son champ que pour lui rendre service. Mon autre voisin, qui s'apprêtait à tirer de son côté sur les mêmes oiseaux, témoin de mes observations à l'autre laboureur qui n'avait pas voulu m'écouter, consentit à vérifier avec moi l'exactitude des faits. Je lui fis voir le matin, au lever du soleil, et le soir à son coucher, aux heures de la journée où l'air est le plus calme, des nuées de très-petites mouches, semblables à des cousins, mais trois ou quatre fois moins volumineuses, s'élevant en longues colonnes au-dessus de son champ de blé ; il put voir en même temps les oiseaux chanteurs traverser dans tous les sens ces nuées d'insectes, les disperser et les détruire. Alors, parcourant avec lui la lisière de son champ, je lui montrai avec une loupe jusqu'à dix-huit et vingt petits vers jaunâtres logés dans un seul épillet de blé en fleurs, et il vit distinctement les fauvettes et leurs camarades ailés éplucher, si je puis m'exprimer ainsi, les épis de froment les uns après les autres, en se régalant de ces vers d'une petitesse excessive, et sans endommager en aucune façon le blé lui-même. Je lui expliquai comment les moucherons dont nous venions de voir les légions innombrables formées en colonnes serrées provenaient des vers microscopiques nés de leurs œufs déposés dans les épis naissants ; il reconnut lui-même les services que lui rendaient gratis les oiseaux chanteurs insectivores, et se promit bien de les considérer désormais comme des amis et de ne pas les déranger.

§ 13. — Comment se nomme, je vous prie, monsieur, l'insecte dont vous venez de parler ? J'ai souvent remarqué ses colonnes le matin et le soir ; je le prenais pour une petite espèce de Cousin ; je ne me doutais guère du tort qu'il peut faire aux froments. Ce tort est-il très-considérable ?

— Ne prenez pas, mon enfant, l'habitude de faire enjamber plusieurs questions l'une sur l'autre. Que dit à ce sujet le proverbe souvent cité par votre oncle le meunier ?

— Qu'il ne faut pas embrouiller les moutures, dit l'enfant. C'est là, je crois, monsieur, le proverbe dont vous voulez parler ; je m'en souviendrai pour une autre fois.

— Je réponds donc à votre première question : l'insecte se nomme *Cécidomye* ; il n'a pas de nom vulgaire ; il donne, dans l'espace de trois à quatre semaines, cinq à six générations. Il est en très-petit la reproduction du Cousin, sauf qu'il n'a pas d'aiguillon ; il ne mange pas sous sa dernière forme, et ne vit que quelques heures comme insecte parfait.

Quant à votre seconde question, celui qui a tiré sur les oiseaux chanteurs a obtenu au battage quinze hectolitres de blé sur un hectare ; celui qui a respecté ces oiseaux a obtenu vingt hectolitres. Les deux blés avaient également bonne apparence, les larves des Cécidomyes n'ayant pas nui au développement des épis ; seulement, dans le premier champ, les épis étaient en partie vides ; ils étaient tous parfaitement pleins dans le second. Il est vrai que le massacreur de petits oiseaux en avait mangé cinq à six fois des fricassées qui pouvaient, au point de vue de la gourmandise, posséder un certain mérite ; mais chacun de ces plats de gibier représentait la perte d'un hectolitre de froment, valant en ce moment 28 francs. Ce n'est pas ce qu'on peut appeler se régaler à bon marché.

§ 68. — Vous le voyez, mes amis, mon voisin le tirailleur, qui, du reste, est bien revenu de son goût pour les fricassées de petits oiseaux, avait tort de me plaisanter sur mes réclamations en faveur de ces utiles petites bêtes ; il m'appelait en riant l'avocat des fauvettes. J'aime ces jolies créatures, j'en conviens, et rien ne m'est plus agréable que de les voir voltiger et d'écouter leurs joyeuses chansons, c'est vrai ; je n'ai pas de raisons pour m'en cacher. Mais l'affection que je leur porte est fondée en grande partie sur ma reconnaissance pour les services qu'elles nous rendent, services qu'il est souverainement injuste de méconnaître.

— Je vous promets bien, monsieur, que désormais, mes camarades et moi, nous respecterons à l'égal des nids d'hirondelles, ceux de tous les oiseaux qui contribuent à détruire les insectes ennemis des récoltes, et dont, sans leur secours, il serait impossible de nous débarrasser.

Questionnaire.

En quoi la Tipule diffère-t-elle du Cousin ? § 1.
Dans quel sens la Tipule est-elle nuisible ? § 2.
Quels sont les caractères des insectes diptères ? § 2.
Comment s'opère la ponte des œufs de la Tipule ? § 3.
Quel genre de dégât commet la Tipule ? § 4.
Combien un hectare de prairie peut-il, dans des circonstances données, contenir de larves de Tipules ? § 5.
Qu'est-ce que le ver de l'avoine ? § 6.
Que peut-on faire pour diminuer le nombre des larves de Tipules ? § 6.
Quels sont les caractères extérieurs du Chlorops ? § 7.
Quel est le sens du nom de cet insecte ? § 8.
Pourquoi le Chlorops est-il rare après un hiver doux ? § 9.
Pourquoi l'hirondelle détruit-elle presque entièrement le Chlorops ? § 10.
Pourquoi doit-on respecter les nids de certains oiseaux ? § 11.
Quel tort se fait à lui-même celui qui détruit les oiseaux purement insectivores ? ? § 12.
Quel dégât commet la Cécidomye dans les champs de céréales ? § 13

3.

SIXIÈME ENTRETIEN.

L'ALTISE, L'HÉPIALE DU HOUBLON, LE TAUPIN.

§ 1. — Aujourd'hui, mes enfants, dit l'instituteur à ses élèves, préparez vos jambes; les fortes chaleurs sont passées; le ciel est d'une limpidité parfaite; nous avons à parcourir un trajet un peu plus long que celui qu'embrassent nos excursions habituelles. Depuis que nous nous occupons d'étudier ensemble les insectes, nous avons passé en revue ceux qui nuisent le plus, dans le canton que nous habitons, à nos récoltes les plus précieuses. Je désire compléter votre instruction à cet égard en vous donnant lieu de voir et de bien connaître quelques autres insectes nuisibles que nous n'avons point ici sous la main, parce qu'ils vivent surtout aux dépens d'une plante qu'on ne cultive pas dans notre commune. Cette plante se nomme *houblon*; les terrains consacrés à sa culture portent le nom de *houblonnières*. J'ai supposé que ce serait pour vous tous un plaisir plutôt qu'une peine, de faire en nous promenant quelques kilomètres de plus que de coutume, afin de voir une houblonnière et de faire connaissance avec ceux d'entre les insectes nuisibles qui attaquent particulièrement le houblon. Chemin faisant, soit en allant, soit en revenant, nous rencontrerons, sans aucun doute, d'autres insectes nuisibles qui ne nous sont pas encore connus, ce qui doublera l'intérêt de notre promenade, en nous faisant trouver la route moins longue.

A quelque distance du village, un élève remarqua de loin un champ de navets à peine couvert d'une maigre végétation.—Voilà, dit-il, un cultivateur qui s'y est pris bien tard pour semer ses navets en récolte dérobée; on dirait qu'ils sortent à peine de terre; ils sont apparemment d'une espèce qui doit donner de bien grosses racines, car il les a semés bien clair.

§ 2. — Ce n'est pas précisément ce que vous supposez,

dit l'instituteur; regardez bien à terre quand nous passerons le long de ce champ.

A mesure que les élèves défilaient un à un dans le sentier qui longeait le champ de navets, des milliers d'insectes s'enfuyaient en sautant à leur approche. Chacun des enfants en eut bientôt pris quelques-uns, sur lesquels on se mit à disserter.

— Vous connaissez, sans doute, le nom vulgaire de cet insecte, dit l'instituteur; il est presque impossible que la plupart d'entre vous ne l'aient pas déjà souvent remarqué.

Un élève répondit qu'il avait vu plus d'une fois ce même insecte sur des navets et des colzas très-jeunes, et qu'il l'avait entendu désigner sous le nom de *Tiquet* et aussi sous celui de *puce de terre*, probablement parce qu'il saute à peu près comme la puce.

— Tels sont, en effet, dit l'instituteur, les noms sous lesquels cet insecte est connu dans nos campagnes. Son vrai nom est *Altica*, en français *Altise*, ce qui signifie *sauteuse;* je n'ai pas besoin de vous en dire la raison. Regardez attentivement une Altise, vous verrez facilement à quel ordre d'insectes elle appartient.

On répondit de tous côtés que ce devait être un coléoptère.

— C'en est un, en effet, dit l'instituteur. Ce mot seul vous dit que l'Altise a des ailes membraneuses sous ses élytres; elle s'en sert seulement pour s'aider à sauter; elle ne vole pas. Comme tous les coléoptères, elle est successivement œuf, larve, nymphe et insecte parfait; elle est du nombre des coléoptères qui mangent sous toutes leurs formes, depuis le moment où la larve sort de l'œuf jusqu'au moment de la mort de l'insecte parfait, d'où il suit qu'elle consomme une masse de nourriture énorme par rapport à son volume qui, comme vous le voyez, n'est pas fort considérable; sa longueur ne dépasse jamais trois millimètres et demi.

§ 3. — Et quelles sont, je vous prie, monsieur, les plantes que mange l'Altise?

— Le navet, vous en avez la preuve sous les yeux, puis le rutabaga, le colza, la navette, la moutarde, le chou et, en général, toutes les plantes, soit cultivées soit sauvages, qui font partie des *Crucifères*, famille nombreuse de végétaux, ainsi nommés par les botanistes, parce que leurs fleurs offrent invariablement la forme d'une croix.

— Monsieur, dit un autre élève, en nous expliquant les curieuses particularités qui concernent le Puceron, vous nous avez rendu compte de ce fait difficile à comprendre au premier abord, qu'à un moment donné on ne voit pas de pucerons, dans un champ qui s'en trouve tout couvert, pour ainsi dire, l'instant d'après. Il doit y avoir quelque fait analogue dans l'histoire naturelle de l'altise. J'en ai vu bien souvent; nous en voyons ici des milliers; et jamais il ne m'est arrivé d'en voir ni les larves ni les nymphes; je les ai toujours vues apparaître comme par enchantement d'une minute à l'autre dans les champs ensemencés en navets ou en colza, et où l'on n'en voyait pas une la veille du jour où les graines de ces plantes ont commencé à lever. Cette invasion instantanée de l'Altise me paraît tout à fait extraordinaire, et je vous prie, monsieur, de nous en donner l'explication.

§ 4. — Très-volontiers. Le fait dont vous parlez, mon enfant, a bien longtemps intrigué les entomologistes, qui ne pouvaient s'en rendre compte; ils savaient bien, l'insecte étant un coléoptère parfaitement caractérisé, qu'il devait passer par ses trois transformations. Mais où, quand, comment? Personne n'en savait rien. Enfin, il y a quelques années, un observateur très-éclairé et très-patient, M. Le Keux, voulut, comme on dit, en avoir le cœur net. Renonçant à l'observation directe des Altises, procédé qui jusqu'alors ne lui avait donné aucun résultat certain, il se mit à examiner, soit avec un microscope, soit avec une très-forte loupe, les plantes que mange l'Altise. Il reconnut un premier fait: c'est que l'Altise pond ses œufs à l'envers des feuilles des plantes dont elle se nourrit; ces œufs, excessivement petits, étant du même vert que la feuille elle-même, il est très-difficile de les voir. Quant aux larves, c'est différent; je vais vous en montrer.

En parlant ainsi, l'instituteur cueillit quelques feuilles de navets et de colza dans un champ voisin de celui qui se trouvait infesté par les Altises.— Prenez ces feuilles, dit-il, et placez-les entre le soleil et vos yeux, comme si vous vouliez voir le soleil au travers; vous ne verrez pas le soleil, je le sais bien; mais, que voyez-vous?

§ 5. — Je vois, dit l'un d'eux, quelques très-petits vers s'agiter dans l'épaisseur des côtes de ma feuille de navet.

— J'en vois autant, dit un autre, dans une feuille de colza.

— Ce sont, dit l'instituteur, des larves d'Altise; vous voyez qu'elles ne sont pas grosses; celles qui ont atteint tout leur volume n'ont pas plus de quatre à cinq millimètres de long. Il n'est pas étonnant qu'on ait été si longtemps sans savoir ce qu'elles devenaient; il était difficile d'aller les chercher là où elles se tiennent jusqu'à ce qu'elles aient toute leur grosseur; après quoi, elles sortent de la feuille à peine endommagée à l'extérieur, bien qu'elles y aient trouvé, pendant toute la durée de leur existence comme larves, le logement et la nourriture. En sortant, elles se laissent tomber à terre et s'enfoncent aussitôt dans le sol pour se changer en nymphes et sortir sous forme d'insectes parfaits.

— Je ne sais, monsieur, dit un élève, s'il y a une réponse à la question que j'ai à vous adresser : Pourquoi, je vous prie, certains insectes parfaits mangent-ils, tandis que d'autres ne mangent pas?

— La réponse existe, mon enfant, et vous allez la comprendre. Aucun insecte ne meurt de sa mort naturelle qu'après avoir assuré la propagation de son espèce. Si, comme la Tipule, la femelle pond aussitôt après sa renaissance sous sa dernière forme, dès qu'elle a pondu, elle meurt. N'ayant que cela à faire pendant sa vie, ne devant vivre le plus souvent que peu d'heures, elle n'a pas besoin de manger; elle manque ordinairement d'organes propres à absorber une nourriture quelconque; l'air qu'elle prend par ses organes respiratoires lui suffit; elle vit littéralement, comme on dit, de l'air du temps : c'est ce qui a lieu pour la Tipule. L'Altise, au contraire, ne pond qu'un œuf à la fois; elle n'en pond pas plus d'*un par jour;* sa ponte, qui, du reste, n'est pas abondante, dure donc au moins vingt à vingt-cinq jours. M. Le Keux a soumis à l'observation dix Altises femelles qui, pendant une semaine, ont pondu treize œufs en tout; il y en avait donc plusieurs qui ne pondaient que tous les deux jours. Il en résulte que l'Altise, pour accomplir toute sa ponte, doit vivre longtemps, pour un insecte, s'entend; toutes les femelles d'insectes qui pondent aussi lentement, mangent sous leur forme définitive; vous en comprenez la nécessité. L'Altise, comme je vous l'ai dit, mange beaucoup; M. Le Keux en a vu *une seule* dévorer en un jour six petites plantes de navets récemment levés, n'ayant encore que les deux premières feuilles. Pour en finir avec les particularités de l'existence de l'Altise, je vous dirai, mes amis, qu'elle met environ trente jours à subir toutes ses transformations; les œufs éclosent en moyenne dix jours après avoir été pondus; les larves mettent seize jours à prendre tout leur accroissement, et les nymphes passent à l'état d'Altises parfaites dans l'espace de quatorze jours; l'Altise donne quatre à cinq générations par an.

§ 6. — Je ne vois pas encore, monsieur, comment il se fait qu'un champ, dans lequel des navets ou des colzas viennent de lever, est du jour au lendemain criblé d'Altises.

— Patience ! Nous allons y arriver. D'abord, remarquez une particularité de la structure de l'Altise. Ses élytres sont comme un habit dont le tailleur aurait mal pris la mesure; leur largeur dépasse d'un tiers de chaque côté celle du corps de l'insecte. C'est qu'il a souvent besoin de s'enterrer et qu'il lui faut supporter fréquemment une pression qui l'écraserait sans cette particularité. Quand l'Altise, n'ayant pas fini sa ponte, ne trouve plus à manger, elle s'enfonce en terre et dort.

— Elle connaît apparemment, dit un enfant, le vieux proverbe : Qui dort dîne.

— Ordinairement, quand elle se réveille au bout de dix à quinze jours, des plantes propres à la nourrir ont poussé dans son voisinage; sinon il est toujours temps de mourir de faim; mais cela lui arrive rarement. Revenons directement à votre question essentielle. Ce champ vient de porter un seigle sur lequel on a semé des navets; il ne pouvait contenir beaucoup d'Altises; cet insecte d'ailleurs n'est pas comme le Puceron qui pullule à la minute, à vue d'œil; il lui faut du temps pour multiplier. Mais, à côté de ce champ, en voici un qui a porté une avoine suivie d'un trèfle. Cette avoine était infestée de moutarde sauvage, qu'on nomme vulgairement *sauve*. La sauve ou *sénevé*, car c'est son nom véritable, a mûri et porté graine parmi l'avoine. Si vous regardiez bien dans ce jeune trèfle, vous verriez la terre couverte de sénevé récemment levé ; le trèfle l'étouffera. En attendant, il alimente les Altises qui, très-nombreuses mais inaperçues dans ce champ de trèfle, ont envahi les navets dès qu'ils ont été bons à manger. Ainsi, l'Altise vit longtemps; beaucoup de plantes cultivées ou sauvages conviennent à sa nourriture ; rien d'étonnant à ce que les Altises se trouvent immédiatement en grand nombre dans un champ de plantes crucifères.

§ 7. — Comment, monsieur, peuvent-elles être averties de la présence de ces plantes ?

— Par l'odorat, probablement.

— Cependant, monsieur, les feuilles fraîches de navet et de colza ne sentent rien.

— C'est-à-dire, mon enfant, que leur odeur n'est pas sensible pour vous. Ces plantes contiennent du soufre ; de là l'odeur bien connue des navets cuits et de la soupe aux choux ; vous savez aussi que les feuilles de chou et de navet à demi pourries ne sentent pas bon, ce qui tient au soufre qu'elles contiennent. Cette odeur, si prononcée pour vous chez ces plantes cuites ou en décomposition, peut très-bien être sensible chez les mêmes plantes fraîches pour l'Altise, dont les organes, d'une excessive délicatesse, voient et sentent probablement ce que nous ne pouvons ni voir ni sentir.

— Je voudrais bien savoir, monsieur, dit un élève, comment il se fait que de ces deux champs de navets qui se touchent, l'un soit presque dépouillé par les Altises tandis qu'elles ont respecté l'autre ?

§ 8. — C'est ce qui vous trompe, mon ami ; elles n'ont rien respecté du tout ; voici seulement ce qui est arrivé. Les navets ruinés ont été semés après un seigle maigrement fumé ; ils ont végété pauvrement ; ils ont mis longtemps par conséquent à traverser leur première période de végétation. Tant que les plantes crucifères n'ont que leurs deux premières feuilles que les botanistes nomment feuilles *séminales*, parce qu'elles sont une transformation de la semence, ces plantes sont molles, tendres, et les *mandibules* ou mâchoires de l'Altise les entament facilement. Dès qu'elles ont pris quatre feuilles, elles sont trop dures pour l'Altise, elles n'ont plus rien à craindre de sa voracité. Les navets que vous croyez avoir été épargnés par l'Altise ne l'ont pas été du tout; mais, semés dans un sol bien fumé, ils ont traversé très-vite la période pendant laquelle l'Altise pouvait leur nuire; elle n'en a pu manger qu'une faible partie; les autres navets, restés trop longtemps en butte à ses attaques, ont presque disparu; l'Altise a eu le loisir de tout manger.

En répondant à la dernière question qui vient de m'être adressé, je vous ai dit, mes amis, le meilleur procédé, je puis ajouter, le seul d'une efficacité réelle pour prévenir les dégâts causés par l'Altise; il consiste à ne jamais semer les plantes crucifères, navets, rutabagas, colzas, navette, moutarde, caméline, que dans un sol suffisamment fumé pour que la jeune plante prenne rapidement sa seconde paire de feuilles, après quoi l'Altise ne peut plus rien contre elle; vous en avez la preuve sous les yeux.

§ 9. — Tout en s'entretenant ainsi, on arriva, sans trop de fatigue, à la houblonnière, dont on trouva une partie en proie au Puceron vert. Un élève demanda si ce puceron était le même que l'instituteur leur avait précédemment fait observer sur le colza d'été.

— Plusieurs naturalistes, dit l'instituteur, pensent que c'est une espèce particulière qu'ils nomment *Aphis humuli* ou puceron du houblon. Mais, comme toutes les autres particularités que je vous ai signalées chez les autres pucerons existent dans celui-ci, comme les très-légères différences par lesquelles on prétend qu'il s'en distingue peuvent très-bien provenir uniquement de l'influence exercée par la nourriture sur les pucerons qui vivent aux dépens du houblon, nous pouvons sans inconvénient regarder tous les pucerons verts comme le même insecte, et je pense que ce que vous en connaissez déjà vous suffit, sans nous en occuper davantage. Le houblon a d'ailleurs parmi les insectes un ennemi tout particulier, qui l'attaque exclusivement et qui réclame en ce moment toute notre attention; c'est principalement pour le voir et l'étudier que nous sommes venus visiter cette houblonnière.

— Vous, mon ami, qui m'aidez assez souvent à mettre en ordre ma petite collection d'insectes et à remplacer ceux que le temps a plus ou moins endommagés, regardez bien et dites-moi si vous ne voyez pas dans cette plantation de houblon quelque insecte que vous ayez déjà eu occasion de remarquer parmi ceux que renferment mes boîtes de carton vitrées?

L'élève entra avec précaution dans la houblonnière, chercha assez longtemps et rapporta un papillon de moyenne grosseur.

§ 10. — Voilà, monsieur, dit-il, tout ce que j'ai trouvé en fait d'insectes; la houblonnière renferme beaucoup de papillons semblables, presque tous réunis sur des pieds dont le feuillage pâle et les tiges délicates accusent la végétation plus ou moins languissante. Je ne crois pas en avoir vu de semblable dans votre collection.

— Il y en a cependant; mais, lorsqu'on prépare des insectes lépidoptères pour les étudier, on a soin, ainsi que je l'ai fait, d'étendre et de développer leurs ailes, afin d'en rendre le plus visibles qu'il est possible les caractères distinctifs. Celui que vous m'apportez là a pour habitude, comme l'Alucite et la Teigne du blé que vous connaissez déjà, de tenir ses ailes constamment collées l'une sur l'autre et repliées le long de son corps, ce qui change complétement sa physionomie, de sorte que vous ne pouvez le reconnaître.

Tout en parlant ainsi, l'instituteur avait déployé les ailes de l'insecte apporté par l'élève, qui s'écria :

— Ah! maintenant, je le reconnais parfaitement; c'est un lépidoptère nocturne ou papillon de nuit; il doit se nommer *Hépiale;* si je ne me trompe, celui-ci est une femelle; car, chez les Hépiales de votre collection, la femelle diffère essentiellement du mâle.

— A la bonne heure, dit l'instituteur; la mémoire vous revient, et vous ne reniez plus une ancienne connaissance. Rentrez dans la houblonnière, et tâchez de m'apporter un Hépiale mâle.

§ 11. — Plusieurs élèves ne tardèrent pas à revenir avec des papillons hépiales, les uns mâles et les autres femelles.

— Vous voyez combien ils diffèrent entre eux, dit l'instituteur; d'abord par la taille, le mâle, ailes déployées, ne mesurant pas plus de cinq centimètres et la femelle dans la même position ayant un peu plus de sept centimètres; puis par la disposition remarquable des couleurs. Chez le mâle, les ailes sont blanches bordées d'une bande étroite d'un rouge pâle; chez la femelle, les ailes supérieures sont d'un brun roux; les inférieures sont jaunes avec une bande blanche oblique et une large bordure d'un rouge de sang; on ne dirait jamais, à les voir à côté l'un de l'autre, que ce sont des individus de la même espèce. Comme vous savez que ce sont des lépidoptères, ordre d'insectes dont les caractères et les transformations vous sont suffisamment connus, nous n'avons pas à y revenir à propos de l'Hépiale; occupons-nous seulement des chenilles et des chrysalid

Ce fut en vain que les élèves se mirent à fureter dans la houblonnière pour chercher des chenilles ou des chrysalides d'Hépiale, soit sur les plantes elles-mêmes, soit sur les perches qui leur servaient de soutien; toutes leurs recherches furent infructueuses.

§ 12. Pendant ce temps, l'instituteur fouillant en terre avec son couteau de poche, en avait retiré plusieurs chenilles, tandis que quelques-uns des élèves ayant creusé à son exemple en d'autres endroits, n'avaient absolument rien trouvé.

— Vous saviez donc, monsieur, dit un élève, que la place où vous avez fouillé renfermait des chenilles?

— Je le présumais, mon ami, d'après l'état maladif de la plante au pied de laquelle j'ai dirigé mes recherches. Je vous dirai, par parenthèse, à ce sujet, que dans une foule de circonstances, il est douteux si les plantes sont malades parce qu'elles sont attaquées des insectes, ou bien si, au contraire, elles en sont primitivement attaquées parce qu'elles étaient malades d'avance; vous pensez bien que, dans cette dernière supposition, les attaques des insectes ne peuvent que les rendre plus malades. C'est, je crois, ce qui a lieu pour le houblon. L'Hépiale femelle ne pond que sur les tiges déjà souffrantes; la jeune larve à laquelle ni les feuilles ni les tiges de houblon n'offrent le genre de nourriture qui lui convient, n'a rien de plus pressé, aussitôt après sa naissance, que de suivre en descendant la tige sur laquelle elle vient de naître, et de s'enfoncer en terre près du collet des racines. Quoique celles-ci soient assez dures, la chenille de l'Hépiale les entame sans peine et s'en nourrit jusqu'à ce qu'elle ait pris tout son volume et qu'elle soit sur le point de se changer en nymphe. Elle accomplit alors un travail très-curieux que je vais vous faire voir. Pendant que je cherche un échantillon de l'objet que j'ai à vous montrer, examinez bien cette chenille; vous verrez qu'elle est blanchâtre, molle, lisse et complétement *glabre*. Les naturalistes désignent par ce dernier terme les animaux et les végétaux, ou les parties de ces deux classes d'êtres vivants, qui ne portent aucune apparence de poil. Ainsi presque toutes les chenilles que nous voyons communément sont plus ou moins velues; elles ne sont pas glabres comme celle-ci. Dans les végétaux, vous connaissez tous la feuille de l'ortie dont les poils sont très-piquants et la feuille de la capucine des jardins qui est aussi parfaitement glabre que l'est la peau de la chenille de l'hépiale.

§ 13 — Regardez, poursuivit l'instituteur, ce tronçon de grosse racine de houblon que je viens de couper. La chenille de l'Hépiale y a creusé, pour s'y renfermer et s'y transformer en sûreté, un trou sphérique régulier dont elle a d'abord garni tout l'intérieur avec des grains de terre très-divisée, collés par elle sur toute la surface du trou. Ce travail terminé, elle s'est mise à filer, absolument comme un ver à soie, un fil d'une finesse excessive, dont elle a formé un tissu brillant pour tapisser sa demeure. Après s'y être changée en nymphe, puis en papillon, elle en est sortie telle que nous l'observons en ce moment.

— Je comprends, dit un élève, qu'avec un ou plusieurs trous semblables à celui-ci dans ses principales racines, un pied de houblon ne puisse pas être bien vigoureux. Y a-t-il quelque procédé praticable pour préserver le houblon des attaques de l'Hépiale?

— Quand les larves de cet insecte sont, comme nous les

trouvons ici, assez nombreuses pour endommager très-sensiblement une houblonnière, il faut, comme le propriétaire de celle-ci va le faire faire après la récolte, enlever la terre à quelques centimètres de profondeur pour avoir toutes les chenilles, sacrifier les pieds de houblon trop attaqués, et faire subir aux autres l'amputation des portions de grosses racines où l'on remarque en les déchaussant, des trous servant d'asile à des nymphes d'Hépiale. Dans tous les cas, la petite quantité de terre enlevée est remplacée par du fumier très-consommé, qu'on mêle par une façon superficielle donnée avec la fourche, à la terre du pied des plantes de houblon. Ce procédé réussit presque toujours.

— Monsieur, dit un élève, voici un autre insecte fort commun dans cette houblonnière : comme se nomme-t-il, je vous prie ?

§ 14. — Je sais son nom, dit un élève, c'est un *Taupin*.

— C'est en effet, dit l'instituteur, le nom vulgaire de cet insecte ; en savez-vous l'origine?

— C'est apparemment, dit l'enfant, qu'il est tout noir et qu'il vit sous terre, comme la taupe. Je vois à ses élytres que c'est un coléoptère : quel est, je vous prie, le nom que lui donnent les naturalistes?

— Ils le nomment *Cataphagus* ; mais laissons-lui son nom vulgaire de Taupin, que l'entomologie ne rejette pas.

— Est-ce que le Taupin nuit au houblon?

— Oui, mon ami ; mais il ne l'endommage jamais comme le fait l'Hépiale, parce qu'il en ronge seulement, à l'état de larve, les plus petites racines ; or le houblon est une plante d'une végétation si vigoureuse, qu'il a bientôt réparé ses pertes en ce genre. Le Taupin vit aussi aux dépens des racines des touffes du gazon des prairies naturelles, comme les larves de la Tipule ; mais, à moins qu'il n'y soit très-multiplié, ce qui arrive rarement, ses dégâts sont à peine sensibles.

— Voyez donc, monsieur, comme le Taupin que j'étais en train d'observer, vient de sauter en se repliant sur lui-même ? J'ai beau regarder à la place où il est tombé, je ne l'aperçois pas ; il a disparu.

§ 15. — Le taupin, mon enfant, dit l'instituteur, a beaucoup d'ennemis, soit parmi les oiseaux insectivores, soit chez les insectes qu'on nomme improprement *carnassiers*, puisqu'ils ne mangent pas de chair, mais qui vivent en donnant la chasse à d'autres insectes pour les dévorer. Son instinct, dès qu'il se trouve à découvert, l'avertit de s'éloigner d'abord, ce qu'il fait par un bond prodigieux relativement à sa taille. Aussitôt qu'il est retombé, il se cache en rentrant dans la terre avec une prestesse inconcevable ; on n'a même pas le temps de remarquer la place où il s'est enfoui. C'est ainsi que la bonté divine assigne à chaque créature, si faible et si nuisible qu'elle paraisse, la dose d'instinct et les facultés physiques qui suffisent pour la mettre en état d'échapper aux périls qui peuvent menacer son existence.

Questionnaire.

Quels sont les noms vulgaires de l'Altise ? § 2.
Quelles sont les plantes que recherche particulièrement l'Altise ? § 3.
Comment l'Altise fait-elle subitement invasion dans les champs cultivés ? § 4.
Dans quelles conditions vivent et se transforment les larves de l'Altise ? § 5.
Comment s'opère la ponte des œufs de l'Altise ? § 6.
En combien de temps l'Altise subit-elle ses transformations ? § 6.
Quelles plantes sauvages servent à perpétuer l'Altise ? § 7.
Quel sens avertit l'Altise de la présence des crucifères ? § 8.
Pourquoi un champ est-il infecté d'latise, tandis qu'un autre est épargné ? § 9.
Le Puceron du houblon est-il différent du Puceron commun ? § 10.
En quoi le papillon Hépiale mâle diffère-t-il de l'Hépiale femelle ? § 10.
Quel genre de dommage l'Hépiale cause-t-il aux plantations de houblon ? § 12.
Quel travail remarquable accomplit la chenille de l'Hépiale pour hiverner ? § 13.
Quels procédés peut-on opposer à la multiplication de l'Hépiale ? § 14.
Quelles sont les plantes dont les racines servent de nourriture au Taupin ? § 14.
Comment s'y prend le taupin pour éviter ses ennemis ? § 15.

CHAPITRE II.

INSECTES NUISIBLES AUX JARDINS.

SEPTIÈME ENTRETIEN

LA GUÊPE.

§ 1. — Tandis que les élèves se promenaient dans le jardin de l'école, le dimanche suivant, en causant avec l'instituteur, l'un des enfants se mit tout à coup à pousser des cris perçants ; une grosse guêpe venait de le piquer au visage, et bien qu'écrasée sur la joue du blessé, elle eût payé sa témérité de sa vie, elle n'en avait pas moins fait à l'enfant une blessure très-douloureuse. L'instituteur courant au plus pressé, appliqua sur la piqûre un peu d'eau fraîche avec quelques gouttes d'ammoniaque liquide ; l'enflure s'arrêta aussitôt ; la douleur s'apaisa ; le mal fut, sinon tout à fait supprimé, du moins tellement affaibli, que ce n'était plus la peine d'y faire attention.

— Puisque cet incident, dit l'instituteur, a rappelé si désagréablement la Guêpe à notre souvenir, nous consacrerons notre loisir d'aujourd'hui à l'examiner avec quelques détails, en prenant soin de ne pas nous laisser piquer ; vous serez surpris, je vous en préviens, des notions pleines d'intérêt qui ressortiront de cet examen.

§ 2. — Prenons d'abord une Guêpe dans mon filet à papillons ; bon, en voici une que nous pouvons étudier à notre aise à travers la gaze. Je n'ai pas à vous entretenir de toutes les merveilles de son organisation ; cela nous entraînerait trop loin du sujet qui nous occupe ; nous en prendrons seulement un rapide aperçu.

La tête, le corselet et l'abdomen, également rayés de jaune et de noir, sont chez la Guêpe parfaitement distincts : les ailes composées de deux paires soudées ensemble par les bords, qui n'en font qu'une seule paire en réalité, sont solides et coriaces quoique transparentes ; les naturalistes désignent ce genre d'ailes sous le nom d'*ailes membraneuses ;* c'est ce que signifie le nom d'*Hyménoptères*, donné par ce motif à l'ordre d'insecte auquel la Guêpe appartient. On distingue dans cet ordre les insectes qui vivent isolés et ceux qui forment des sociétés souvent très-nombreuses ; ces derniers ajoutent à leur nom le surnom de *sociaux ;* la Guêpe fait partie des *Hyménoptères sociaux*. Maintenant que nous connaissons de la Guêpe son nom propre et son nom de famille, occupons-nous de ses travaux et de ses mœurs. Bien qu'elle vive à nos dépens, tandis que l'Abeille nous enrichit de ses dons, la Guêpe n'en effectue pas moins des travaux admirables, plus admirables même que ceux de l'Abeille, sa proche parente. Cela vous semble difficile, car nous avons souvent observé ensemble l'activité incessante de l'Abeille. Pour le dire en passant, dans tous les patois du nord de la France et de la Belgique wallone, le mot *Abeille* se prend comme adjectif pour l'expression de l'activité, et chacun admet que le nom de l'insecte symbole du travail assidu, n'a pas d'autre origine.

Eh bien, mes amis, pour la Guêpe, c'est bien autre chose ; il ne tient qu'à elle de traiter l'Abeille de paresseuse : c'est son droit. En effet, prenons à part l'Abeille femelle, la reine, comme on la nomme avec raison ; que fait-elle ? Rien autre chose que de perpétuer sa tribu par ses œufs, qui deviennent des larves, puis des nymphes, puis des abeilles parfaites ; du reste, elle se fait nourrir, servir, éventer même quand elle a trop chaud, par sa nombreuse postérité ; mais elle ne travaille pas.

§ 3. — Voyons, au contraire, ce que fait la Guêpe du même sexe. Elle appartient, nous venons de le voir, aux Hyménoptères sociaux. Les sociétés de Guêpes ne sont pas perpétuelles comme celles des Abeilles; elles sont annuelles seulement, et il y a pour cela une excellente raison, c'est qu'à la fin de l'année toute la tribu est morte, mâles et travailleuses : plus de société! La Guêpe mère survit seule, pauvre veuve sans enfants. Elle cherche, dans son abandon, un trou, une crevasse de muraille, une fente dans un arbre creux, toujours à l'exposition du midi; elle se blottit dans cet asile pour passer l'hiver. Bientôt elle s'engourdit et tombe dans un état d'insensibilité parfaite où elle reste jusqu'au printemps de l'année suivante. Si le froid n'a pas été trop sévère et qu'elle n'ait pas été gelée dans sa retraite, elle se réveille au beau soleil de mars ou d'avril, met la tête hors de son trou, étend ses ailes, les secoue, passe et repasse ses pattes par-dessus pour leur rendre leur souplesse; puis, active et rajeunie, elle prend son vol. Où va-t-elle? Chercher d'abord une place convenable pour établir son guêpier; car elle a tout à faire à elle toute seule, le trou pour son futur domicile, l'enveloppe de carton qui doit en former la muraille extérieure, et les rayons de la même substance où doivent être déposés les œufs, espoir de sa postérité. Tout ce travail réellement prodigieux pour un insecte isolé, elle l'accomplit avec une promptitude plus prodigieuse encore. Après avoir creusé avec une force et une patience dont on aurait eu peine à la croire capable, le trou du guêpier, elle va cherchant de côté et d'autre des morceaux de bois mort. Dès qu'elle en a trouvé, elle en détache brin à brin les fibres végétales, elle les broie, les mastique, les digère, les réduit en pâte, en véritable pâte à papier, car le papier de pâte de chiffon, invention pour ainsi dire toute moderne, n'est autre chose que la fibre végétale traitée artificiellement, comme la traite la Guêpe pour en construire l'enveloppe extérieure de son nid. Cette pâte, elle la pétrit, l'étend, la développe, la lustre, la satine absolument comme du papier; puis, elle en bâtit avec beaucoup d'art les cellules destinées à ses œufs. Alors seulement, elle prend quelques moments de repos pour se préparer à de nouvelles fatigues; ne vous semble-t-il pas, mes amis, qu'elle a bien gagné le droit de se reposer?

§ 4. — Monsieur, dit l'un des enfants qui n'avait pas

perdu un mot de tout ce qu'avait dit l'instituteur, comment se fait-il que les hommes, en voyant les guêpes faire du papier, n'aient eu que si tard l'idée d'en faire à leur exemple?

— Votre question, mon enfant, est fort sensée; elle nécessite une réponse assez étendue. D'abord, vous dites que les hommes auraient dû apprendre à faire du papier en voyant les Guêpes en faire; en cela comme en beaucoup d'autres choses, mon ami, les hommes regardent sans voir. On ne s'est avisé que très-tard, et même dans les temps tout à fait modernes, de chercher à bien voir les phénomènes de l'histoire naturelle des insectes, en sorte que les exemples utiles qu'on aurait pu puiser dans l'observation de leur industrie, ont été longtemps entièrement perdus. Ce fait tenait à une cause générale que, malgré votre jeune âge, vous êtes en état de comprendre. Il s'est passé bien du temps, mes chers enfants, avant que la civilisation, heureux fruit du christianisme, ait pu faire régner parmi les hommes un peu de sécurité, un peu d'ordre; sans sécurité, sans ordre, on n'étudie pas.

§ 5. — Vous, mon enfant, dont le père travaille dans une fabrique de papier où vous ne tarderez pas à travailler vous-même, vous êtes naturellement frappé du rapport que je vous signale entre la fabrication actuelle du papier et le procédé par lequel la Guêpe fabrique le sien. Il vous semble étonnant que les hommes aient tardé si longtemps à profiter des leçons d'un insecte si commun et si bien connu. Mais, par la raison que je viens de vous exposer, les inventions les plus simples, quelques-unes déjà ébauchées dans l'antiquité païenne, sont restées en chemin pendant une longue suite de siècles, attendant une période de calme, un intervalle entre deux orages. Revenons à notre Guêpe.

La voilà donc fort affairée, ayant à nourrir plusieurs centaines de larves qui n'ont qu'elle pour leur distribuer leurs aliments dans les cellules du guêpier où elles viennent d'éclore. Heureusement, elles ne mettent pas un temps fort long à subir leur transformation dernière, et bientôt la Guêpe mère éprouve la consolation de se voir entourée d'une nombreuse génération de jeunes Guêpes, presque aussi grosses qu'elle-même. Ces Guêpes sont cependant privées de la faculté de perpétuer leur espèce; il n'y a dans le produit de la première ponte d'une Guêpe que des insectes neutres, qui ne sont ni mâles ni femelles. Dès leur naissance, justifiant le titre d'*ouvrières* qu'elles ont reçu des naturalistes, elles travaillent activement, sous la direction de la mère, à l'agrandissement de la demeure commune. A mesure que de nouvelles cellules sont construites, la mère y dépose de nouveaux œufs dont son corps contient toujours de 1,200 à 1,500; bientôt le nombre des ouvrières se trouve porté à plus de 1,000. Alors seulement, vers la fin de l'été, la mère termine sa ponte; parmi les larves auxquelles ces derniers œufs donnent naissance, il se trouve des mâles et un petit nombre de femelles. Les mâles naissent ainsi pendant les plus beaux jours de la belle saison, à l'époque où les fruits de toute espèce commencent à mûrir, époque d'abondance et de prospérité pour la colonie, qui fait alors le désespoir de tous les jardiniers de son voisinage.

§ 6. — Les mâles ne tardent pas à mourir de leur mort naturelle; ils ne sont pas tués par les ouvrières comme le sont les mâles des Abeilles; du moins on n'observe pas leurs corps déposés aux environs du guêpier.

Dès les premiers froids de la fin d'automne, la Guêpe mère se retrouve comme elle était l'année précédente, veuve, absolument privée de famille, tout est mort, sauf peut-être une ou deux femelles qui s'éloignent d'elle et vont, si elles échappent au froid de l'hiver, commencer chacune, au printemps de l'année suivante, une colonie séparée.

Vous le voyez, la vie d'une Guêpe mère est bien remplie et peut servir d'exemple d'activité non interrompue. Quant à sa durée, on n'a pas de notions bien précises sur l'âge que ces insectes peuvent atteindre; on sait seulement qu'elles vivent plus d'une année. Vous avais-je trompés, mes amis, en vous annonçant une foule de détails plus intéressants les uns que les autres sur les mœurs, les travaux et la manière de vivre de la Guêpe? Ce qu'il nous en reste à connaître n'est pas moins digne de votre attention.

Mais, je remarque ici un si grand nombre de Guêpes, que je me trompe fort, ou leur quartier général ne doit pas être bien loin; voulez-vous que nous nous mettions à la recherche du guêpier?

La proposition fut acceptée avec joie; un quart d'heure après, l'emplacement du guêpier était découvert.

§ 7. — Doucement, dit l'instituteur; n'attaquons pas sans précaution un ennemi mieux armé que nous; il nous donnerait à tous sujet de nous en repentir. Remarquons bien la place; ce soir, quand la lune sera levée, nous viendrons, par une surprise nocturne, détruire les Guêpes sans danger et sans qu'il en échappe une seule. Ce sera un bon service rendu aux prunes, aux pêches, aux abricots, aux poires et au raisin de toute la commune.

Une nuit calme et sereine succédant à un jour sans nuages, favorisa l'expédition projetée contre le guêpier, dont la position avait été reconnue. Le revers d'un fossé, sur la lisière d'un bois, emplacement choisi par la Guêpe mère, n'était qu'à peu de distance du village; cette circonstance permit à l'instituteur de faire usage de l'eau bouillante pour la destruction de l'ennemi.

— Nous ajouterons, dit-il, quelques cuillerées d'huile commune à l'eau bouillante; l'huile rendra la mort des guêpes plus prompte et plus certaine.

— Les élèves demandèrent de tous les côtés l'explication de cette particularité; l'instituteur s'empressa de la leur donner.

— Vous saurez, dit-il, mes enfants, que la Guêpe, comme tous les autres insectes sans exception, respire par des organes d'une nature particulière qu'on nomme *trachées*, s'ouvrant sur les côtés du corselet, partie antérieure du corps, à laquelle les ailes sont attachées. L'huile possède la propriété de boucher complétement ces ouvertures, de sorte qu'un insecte, quel qu'il soit, enduit de la plus mince couche d'huile, tombe comme foudroyé. Remarquez, mes enfants, qu'en ajoutant de l'huile à l'eau bouillante, j'ai pour but d'éviter aux guêpes des souffrances inutilement prolongées. Tout être vivant répugne à sa destruction et lutte contre la mort; l'homme a le droit incontestable de détruire les êtres vivants qui lui nuisent; il n'a jamais, dans aucun cas, le droit de les faire souffrir.

§ 8. — Mais, nous voici sur le théâtre de l'exécution : attention! Quoiqu'il n'y ait qu'un léger souffle de vent du sud, je vais me placer à l'opposé pour verser l'eau bouillante, dont la vapeur me brûlerait les mains et le visage.

Voilà qui est fait. Laissons à la terre imbibée d'eau bouillante quelques minutes pour se refroidir; nous enlèverons ensuite avec une bêche le guêpier, que nous pourrons examiner à loisir.

Le guêpier, enlevé fort adroitement, fut trouvé parfaitement intact; six feuilles de papier ou, pour mieux dire, de carton mince, très-solide, en formaient l'enveloppe extérieure; une certaine quantité d'un miel liquide de fort bon goût en remplissait les cellules.

— Est-ce que le miel des Guêpes est toujours aussi bon que celui-là? dit un des élèves après en avoir goûté.

— Non, mon ami; sa qualité dépend entièrement de la nature des aliments consommés par les Guêpes. Celles que nous venons de détruire, ayant trouvé dans nos environs des fleurs et des fruits de bonne qualité et en grande abondance, avaient fait d'excellent miel. A défaut de ces aliments de choix, la Guêpe sait contenter son propre appétit et nourrir ses larves avec une grande variété de substances essentiellement différentes les unes des autres; la viande et le sang ne lui répugnent pas; au besoin et faute de mieux, elle détruit, pour s'en nourrir, d'autres insectes qu'elle déchire, broye et réduit en pâte, soit pour sa propre consommation, soit pour celle de sa famille. Cette pâte, cela se comprend, ne peut pas composer un miel fort agréable; il peut même arriver que le miel de la Guêpe soit fort dangereux pour l'homme, lorsque l'insecte s'est nourri de substances vénéneuses qui ne paraissent exercer aucune influence sur sa propre santé. Souvent, dans les Alpes, des pâtres ont été empoisonnés pour avoir mangé le miel des guêpes qui avaient butiné dans les fleurs vénéneuses de l'aconit napel.

§ 9. — M. Auguste Saint-Hilaire rapporte qu'il faillit être victime, avec ses compagnons, d'un accident semblable dans les plaines de l'Amérique du Sud, qu'il explorait pour en recueillir les richesses botaniques. Un volumineux guêpier, rempli d'un miel rose et parfumé, ayant été trouvé par sa petite caravane, tout le monde en mangea, à l'exception d'un sauvage de la tribu des Bottocudos qui servait de guide à l'expédition. Ce miel, puisé dans des fleurs vénéneuses, causa à tous ceux qui en mangèrent, non pas la mort, mais une folie passagère qui, fort heureusement, ne tarda pas à se dissiper d'elle-même et n'eut pas d'autres suites fâcheuses. M. Auguste Saint-Hilaire fut l'un des plus maltraités par ce singulier poison. Au bout de quelques heures, chacun avait repris son bon sens, momentanément égaré; il ne restait aux voyageurs d'autres traces du poison qu'un excessif abattement qui finit par disparaître.

— Je savais bien, dit alors le Bottocudos, qui avait vu toute cette scène avec l'impassibilité de sa race, que ce miel vous rendrait malades et fous; aussi n'en ai-je pas mangé.

— Et pourquoi, lui dit-on, ne nous avez-vous pas avertis?

— Il ne m'appartient pas, répondit-il gravement, à moi, sauvage ignorant et grossier, d'en remontrer à des savants d'Europe tels que vous. D'ailleurs, je n'étais pas bien sûr que le poison de ce miel agirait sur les hommes à peau blanche comme il agit sur ceux de nos tribus à peau cuivrée.

§ 10. — Nous n'avons plus à voir, dit l'instituteur en finissant son récit, que les moyens les plus usuels de détruire les guêpes qui dévastent les jardins fruitiers. Le plus simple et le plus communément en usage, c'est de suspendre aux arbres, à l'époque de la maturité des fruits (car la Guêpe ne s'en prend qu'aux fruits mûrs), des fioles remplies d'un liquide mêlé de sucre ou de miel. Les Guêpes, fort avides de ces deux substances, entrent dans les fioles et ne peuvent plus en sortir. Lorsqu'on emploie ce procédé, il faut avoir soin de renouveler assez souvent le liquide sucré ou miellé contenu dans les fioles; autrement, ce liquide, devenu aigre, exhale des vapeurs acides qui éloignent les Guêpes au lieu de les attirer.

§ 11. — Pourquoi, monsieur, dit un enfant, ne fait-on

pas toujours comme nous venons de faire? La destruction d'un guêpier semble le meilleur moyen de se délivrer des Guêpes.

— La recherche des guêpiers, dit l'instituteur, est souvent fort difficile. La Guêpe est douée d'une assez grande puissance de vol pour ne pas craindre de franchir de grandes distances. Elle établit le plus souvent son domicile très-loin des jardins où elle va chercher sa nourriture; ce n'est, pour ainsi dire, que par hasard qu'on arrive quelquefois à en trouver la position, comme cela vient de nous arriver; vous avez vu comment il faut s'y prendre, dans ce cas, pour détruire les Guêpes sans danger pendant leur sommeil.

Lorsqu'on est piqué d'une Guêpe, le meilleur moyen de neutraliser la douleur de la blessure, c'est d'appliquer dessus, ainsi que je l'ai fait, un peu d'eau avec quelques gouttes d'ammoniaque liquide; on arrête ainsi presque instantanément les progrès de l'enflûre.

Nous n'avons vu, mes enfants, de l'histoire naturelle de la Guêpe, que les notions qu'il vous est le plus utile de posséder; nous y avons pourtant trouvé de nombreux motifs d'admirer les œuvres de Dieu, dont la puissance éclate dans les moindres comme dans les plus imposantes merveilles de la création.

Questionnaire.

Comment calme-t-on la douleur de la piqûre de la Guêpe? § 1.
A quelle famille d'insectes appartient la Guêpe? § 2.
Quels sont les caractères des hyménoptères sociaux? § 2.
Quels travaux exécute la Guêpe femelle au sortir de l'hiver? § 3.
De quelle matière est construit le nid de la Guêpe ou guêpier? § 4.
Pourquoi les hommes n'ont-ils pas appris de la Guêpe à fabriquer du papier de pâte? § 5.
Combien d'œufs pond en moyenne une Guêpe mère? § 5.
Que reste-t-il, à l'entrée de l'hiver, de la population d'un guêpier? § 6
Quel est le meilleur procédé pour détruire les guêpiers? § 7.
Quelles précautions doit-on prendre en échaudant un guêpier? § 8.
Le miel fabriqué par les Guêpes est-il toujours de bonne qualité? § 9.
Quels accidents peut causer le miel des Guêpes quand elles ont butiné dans des fleurs de plantes vénéneuses? § 9.
Comment détruit-on dans les jardins les Guêpes isolées? § 10.

HUITIÈME ENTRETIEN

LA FOURMI.

§ 1. — Pour cette fois, dit l'instituteur à ses élèves, de plus en plus attentifs à ses instructions sur les insectes, nous nous occuperons de l'un des plus répandus parmi les insectes nuisibles; nous étudierons les mœurs et l'histoire naturelle de la Fourmi. Douée d'une prodigieuse faculté de multiplication, vous savez que la Fourmi envahit tout de ses innombrables légions; elle pénètre partout, jusque dans nos habitations, où l'odeur particulièrement nauséabonde qu'elle communique à tout ce qu'elle touche, en fait un hôte des plus incommodes. Dans les jardins, c'est aux fruits les plus délicats, au moment de leur maturité, qu'elle s'en prend de préférence; l'existence d'une fourmilière dans un jardin est un véritable fléau.

Un élève demanda si la Fourmi nuisait directement à l'homme, comme elle nuit sans nul doute aux produits du jardinage.

— La Fourmi, dit l'instituteur, ne pique pas dans le vrai sens du mot; elle n'a pas d'aiguillon analogue à celui de la Guêpe; elle est seulement munie d'un suçoir. Parmi les diverses variétés de Fourmis, quelques-unes seulement, spécialement les grosses Fourmis rousses, que les naturalistes nomment *Polyergues*, font avec leur suçoir, lorsqu'on les irrite, l'équivalent d'une piqûre fort douloureuse; toutes, sans exception, causent, par leur contact avec la peau, une démangeaison pénible. C'est donc toute une tribu d'ennemis, contre laquelle il est très-permis de se tenir en garde, et qu'on doit chercher à détruire par tous les moyens possibles. Pour procéder avec ordre, je vous dirai, mes enfants, que la Fourmi appartient à l'ordre des Hyménoptères, de même que la Guêpe, dont elle est assez proche parente; car l'une et l'autre font partie des Hyménoptères sociaux.

§ 2. — Monsieur, dit un enfant, vous nous avez dit que les caractères de l'ordre des Hyménoptères étaient fondés sur la nature de leurs ailes : la Fourmi n'en a pas; maintenant, vous nous dites que la Guêpe et la Fourmi sont assez proches parentes; j'ai mis là, sous un petit verre, une Guêpe et une Fourmi; je vous assure que je ne saisis pas entre ces deux insectes une frappante analogie; je sollicite de votre complaisance ordinaire des explications qui, je le présume, ne semblent pas moins nécessaires à mes camarades qu'à moi.

— Je pensais bien, mes amis, que ces explications allaient m'être demandées : je suis tout prêt à les donner. Il vous paraît étrange, parce que vous n'avez jamais suivi avec quelque attention les allures d'une tribu de Fourmis, que les naturalistes aient classé cet insecte parmi les Hyménoptères; celles qu'on rencontre communément partout sont, en effet, dépourvues d'ailes. C'est que, dans les sociétés de Fourmis, comme dans celles des autres Hyménoptères sociaux, il y a des mâles, des femelles et des neutres. Les mâles et les femelles ont des ailes membraneuses, offrant les caractères propres aux ailes des Hyménoptères, ce qui justifie leur place dans la classification; les ouvrières ou neutres seules n'ont pas d'ailes; de même que chez l'Abeille et la Guêpe, elles sont dépourvues d'organes reproducteurs, et n'appartiennent par conséquent à aucun sexe.

Quant à la seconde objection, elle n'est qu'apparente. Regardez bien, mon enfant, la Guêpe et la Fourmi que vous avez enfermées ensemble sous un verre; supprimez par la pensée les ailes de la Guêpe; les deux insectes ne diffèrent plus que par le volume et par la couleur; le reste est semblable des deux côtés; même forme et même volume de la tête; même insertion de la tête sur le corselet; même séparation du corselet et de l'abdomen; même disposition des pattes; j'ajoute, ce que vous ne pouvez pas voir, même organisation intérieure, à quelques légères différences près. Les naturalistes ont donc eu raison de placer dans la classification la Guêpe et la Fourmi à peu de distance l'une de l'autre.

§ 3. — La Fourmi, comme nous venons de le constater,

nuit à l'homme, et elle n'a, pour se faire pardonner le mal qu'elle cause, aucun côté utile, aucun produit dont il soit possible à l'homme de tirer parti. Je ne puis m'empêcher, mes amis, de dire avec un savant entomologiste de nos jours que c'est réellement dommage. En effet, il n'est pas d'insecte dans la création qui déploie dans sa petitesse une si prodigieuse activité : il n'en est pas qui fasse preuve d'un si merveilleux instinct. Ce n'est pas que l'homme puisse, dans l'état actuel de ses connaissances en entomologie, se vanter de connaître à fond toutes les particularités de l'histoire de la Fourmi ; il lui reste même encore beaucoup d'incertitude quant à plusieurs points fort importants que l'observation aurait dû permettre d'éclaircir ; mais ce qu'on en sait de science certaine suffit pour placer les Fourmis au premier rang des insectes, sous le point de vue de l'instinct, on pourrait presque dire de l'intelligence.

Les familles de Fourmis ne doivent pas la naissance à une seule femelle, mère et reine tout à la fois de sa nombreuse descendance ; chaque fourmilière renferme un certain nombre de femelles qui, loin de se disputer l'empire comme le font les Abeilles lorsqu'il se trouve plusieurs femelles dans une ruche, vivent ensemble dans la plus parfaite harmonie, et ne causent jamais dans la fourmilière ni désordre, ni guerre civile.

§ 4. — Monsieur, dit un élève, vous nous avez montré l'origine, l'accroissement et la fin du guêpier ; pouvez-vous nous expliquer de quelle manière commence une fourmilière?

— Ici, mes amis, se présente un fait peu honorable pour la science moderne : on ne sait pas positivement par où commence une famille de fourmis. Longtemps on a cru que, comme la Guêpe mère, la Fourmi femelle survivait seule à sa famille après une ou plusieurs années d'existence de la fourmilière ; car on a toujours manqué et l'on manque encore actuellement de notions précises sur la durée de l'existence des fourmis femelles et neutres ; on sait seulement que les mâles meurent de mort naturelle après une très-courte existence, comme les mâles de la Guêpe, et qu'ils ne sont pas tués par les ouvrières, comme le sont les mâles de l'Abeille. Dans les temps tout à fait modernes, les observateurs attentifs ont vu à plusieurs reprises, dès les premiers jours du printemps, la Fourmi femelle occupée à construire une fourmilière nouvelle, aidée d'un certain nombre d'ouvrières; on ne sait rien de plus positif à ce sujet.

§ 5. — La Fourmi, quel que soit l'emplacement choisi par elle pour établir son domicile, déploie un grand talent architectural dans l'exécution de cette besogne qui exige autant d'efforts combinés que de prévoyance et de calcul, si ce nom peut être donné à l'instinct de cet insecte. Elle n'y forme pas de rayons comme l'Abeille et la Guêpe; mais, à l'aide des bûchettes et des débris de végétaux ligneux qui sont ses principaux matériaux, elle y pratique un véritable dédale de passages, de corridors, de magasins et de cellules diverses, chaque local ayant sa destination. La femelle dépose ses œufs dans un emplacement réservé pour cet usage; les larves ne tardent pas à éclore; c'est l'affaire d'une quinzaine de jours. Aussitôt écloses, les jeunes larves sont portées une à une dans les loges qui leur sont préparées. Ces loges ne sont pas toutes de la même grandeur; celles où doivent se développer les mâles, les femelles et les neutres ont des dimensions très-différentes : c'est là, par parenthèse, tout le secret de l'existence des Fourmis neutres. Les femelles ne pondent que des œufs pouvant produire soit des mâles, soit des femelles; mais les ouvrières, en donnant à la plupart des larves femelles des loges étroites et très-probablement une nourriture sobre, ne permettent pas à leur entier développement de s'accomplir; toutes les ouvrières sont des femelles manquées; toutes seraient devenues des Fourmis mères, si elles avaient été logées et nourries, à l'état de larves, dans les conditions réservées à quelques-unes seulement, pour le maintien de l'espèce.

§ 6. — La ponte des Fourmis femelles est-elle analogue à celle de la Guêpe mère?

— Les fourmis femelles pondent à peu près comme la Guêpe, c'est-à-dire à plusieurs reprises; la seconde et la troisième ponte sont plus abondantes que la première; les larves se développent ainsi successivement. Il est curieux d'étudier les soins vigilants et non interrompus dont ces larves sont l'objet de la part des ouvrières. Par exemple, par une journée de printemps, lorsqu'un épais brouillard obscurcit l'atmosphère, on voit, postées comme en sentinelles autour de la fourmilière, un certain nombre d'ouvrières qui, de temps en temps, sortent comme pour consulter l'état de la température et rentrent à l'intérieur. Si le soleil dissipe le brouillard, aussitôt elles rentrent toutes à la fois pour en donner avis. A leur signal, chaque ouvrière prend délicatement une larve, et la porte dans les galeries supérieures pour qu'elle y éprouve l'influence bienfaisante de la chaleur solaire. Cette besogne accomplie, toutes les ouvrières, comme pour prendre quelques instants de récréation, vont se grouper sur la terre formant le toit arrondi de leur demeure commune; là, elles restent quelque temps à se bien réchauffer en plein soleil; puis toutes ensemble partent dans diverses directions pour aller butiner. C'est toujours sous forme d'un liquide qu'elles rapportent à leurs larves la nourriture que celles-ci viennent sucer dans la bouche de leurs nourrices, sans sortir de leurs cellules; car elles n'ont pas la faculté de se déplacer; il faut qu'elles prennent tout leur accroissement dans les cellules où elles ont été portées peu d'instants après leur naissance.

— Je vois, monsieur, dit un élève, dans ce que vous venez de dire là l'explication d'un fait qui m'avait toujours beaucoup surpris, et dont j'allais vous demander le sens. Chaque fois qu'il m'est arrivé de déranger une fourmilière, j'ai vu chaque Fourmi emporter un objet tout blanc, assez volumineux, que je ne puis comparer qu'à un grain de riz bien cuit, et que j'avais regardé jusqu'à présent comme l'œuf de la Fourmi. Je me proposais de vous demander comment une si petite bête peut pondre de si gros œufs; je comprends que ce que nous nommons mal à propos œuf de Fourmi doit être tout simplement la larve de cet insecte.

§ 7. — Justement, mon enfant, et cette larve est née d'un œuf très-petit, à peine visible à la vue simple, d'un volume tout à fait en proportion avec celui de la Fourmi mère, qui en produit à peu près autant que sa parente la Guêpe mère, objet de nos précédents entretiens.

Les larves d'ouvrières passent à l'état de nymphes et subissent leur dernière transformation dans une coque soyeuse qu'elles ont su se filer après avoir changé de peau. Averties par leur admirable instinct du moment précis où les nymphes transformées ont besoin de leur secours pour sortir de cette enveloppe dont elles n'auraient pas, à elles seules, la force de se retirer, les vieilles ouvrières se mettent à déchirer avec précaution la prison de leurs jeunes compagnes, qui bientôt en sortent dans un état de fatigue et d'épuisement complet; un peu de bonne nourriture les a bientôt réconfortées. Alors, chaque nouvelle ouvrière est conduite dans tous les coins et recoins de l'habitation, comme pour lui en bien graver dans la mémoire le plan et les détours; puis elle sort en société d'une ancienne, pour faire en quelque sorte son apprentissage. A la naissance des mâles et des femelles pourvus les uns et les autres d'ailes transparentes fort délicates, les ouvrières usent des précautions les plus attentives pour ne pas endommager ces ailes pendant qu'elles déchirent les cocons renfermant des nymphes des deux sexes; elles s'empressent autour d'elles pour essuyer et lustrer ces ailes, afin de les mettre en état de service. Peu d'instants après, les mâles et les femelles sortent ensemble pour s'élever dans les airs en colonne longue et étroite, vous avez dû souvent en voir en été, le matin et le soir, quand l'air est calme, sur la lisière des grands bois.

— J'ai observé ces colonnes plus d'une fois, monsieur, dit un enfant; mais j'étais loin de me douter que ce fussent des Fourmis.

§ 8. — Bien que les Fourmis puissent voler dans le vrai sens du mot, s'il survient un coup de vent, les colonnes de fourmis ailées sont emportées au loin; la fourmilière n'ayant plus que des ouvrières neutres, ne peut se repeupler; les ouvrières la quittent volontairement; on ignore si elles se laissent mourir de chagrin, ou bien si elles vont se réunir à quelque colonie de leur espèce qui accepterait leurs services et leur accorderait l'hospitalité. Remarquons en passant que c'est grâce à la fréquence d'accidents semblables que les Fourmis ne sont pas excessivement nombreuses, bien qu'elles le soient toujours assez pour commettre beaucoup de dégâts. S'il ne survient pas d'accident, pas de courant d'air un peu vif qui entraîne les colonnes de Fourmis ailées trop loin de leur demeure, voici ce qui arrive. Les mâles meurent naturellement au bout de quelques heures ; les femelles dont tous les œufs sont à ce moment fécondés une fois pour toutes, reprennent le chemin de la fourmilière. Il semble que ce soit pour ne pas s'en écarter beaucoup, que les Fourmis ailées, au lieu de voler en ligne oblique ou horizontale, volent uniquement en spirale, en tourbillonnant, et s'élèvent ainsi presque droit au-dessus de leur lieu de naissance, le plus souvent entre de grands arbres, qui préviennent jusqu'à un certain point la dispersion des colonnes par les coups de vent.

§ 9. — Mais, monsieur, dit un enfant, bien que les mâles ailés soient morts, il reste donc dans la fourmilière des femelles également ailées? Or, je puis vous affirmer que j'ai bien des fois, soit dans les bois, soit dans notre jardin, détruit et dispersé des fourmilières à coups de bêche, et que jamais je n'y ai vu une seule Fourmi pourvue d'ailes en compagnie de celles qui n'en ont pas.

— Je vous crois, mon enfant, et voici la raison toute naturelle du fait qui vous étonne. A leur retour dans la fourmilière, le plus souvent, les fourmis femelles qui vont devenir des fourmis mères, se dépouillent elles-mêmes avec leurs pattes, de leurs ailes qui adhèrent faiblement, et dont elles ne doivent plus faire usage; sinon, les ouvrières les en débarrassent, sans que les femelles fassent aucun effort pour s'y opposer, sans qu'elles paraissent en éprouver aucune douleur. Les femelles rentrent en cet état dans la fourmilière, qu'elles vont repeupler et dont elles ne sortiront plus.

§ 10. — Bien des erreurs et des préjugés sont généralement admis comme des vérités, au sujet de la manière dont les Fourmis se nourrissent ; nous allons, pour fixer nos idées à cet égard, procéder de la façon la plus rationnelle, c'est-à-dire par observation directe. Les auteurs qui ont écrit sur l'histoire naturelle de la Fourmi sont d'accord sur un point, c'est que cet insecte préfère à tous les autres aliments les substances sucrées.

Voyons ce que pourront nous apprendre sur ce point intéressant les allures des Fourmis dont le jardin de l'école communale n'est pas plus exempt que tout autre. Vous pouvez les voir en effet entamer, sucer, détruire les prunes, les abricots et les pêches parvenus à maturité; ce sont les fruits les plus sucrés de ceux qui se trouvent en ce moment dans notre jardin. Regardez avec attention; vous ne verrez aucune Fourmi ni sur la groseille, ni sur l'épinevinette, ces fruits étant plus acides que sucrés. Voici à l'angle de la haie, un orme malade, rongé d'un véritable ulcère végétal, autour duquel nous voyons les Fourmis s'empresser de venir puiser le suc qui en découle; ce suc est d'une saveur sucrée. Maintenant je vais vous faire voir un autre fait digne de toute votre attention, fait que nous avons déjà observé dans les champs, lorsque nous nous sommes occupés du Puceron; je suppose que personne de vous n'en a perdu le souvenir? Ce gros pied de chou que j'ai laissé monter comme porte-graine, vient de passer fleur; il est couvert de Pucerons verts comme l'étaient les tiges du colza d'été que nous avons examiné pendant une de nos promenades. Toute une bande de Fourmis monte et descend avec beaucoup d'empressement le long des tiges de ce chou, passant et repassant au milieu des Pucerons. Vous le voyez, elles n'en font point leur proie; elles ne dévorent ni le chou, ni les Pucerons dont il est couvert; vous n'en verrez aucune emporter un Puceron mort ou vivant; vous ne leur verrez tuer aucun Puceron pour le dévorer sur place; elles se bornent à les presser doucement avec leurs pattes de devant, pour en faire sortir une espèce de sirop qu'elles s'empressent d'aspirer avec leur pompe.

§ 11. — Il me paraît, dit un élève, que du train dont elles y vont, les fourmis devraient se donner des indigestions de jus de Puceron.

— Cela pourrait bien arriver, mon ami, si les Fourmis absorbaient ce liquide sucré pour leur propre compte; mais, quand elles s'en sont bien remplies, elles s'en retournent à la fourmilière, dégorger ce même suc dans la bouche de leurs larves. Aussi, loin de dévorer les Pucerons ou de les détruire, les Fourmis ont soin de les ménager comme l'une de leurs plus précieuses ressources alimentaires. Les preuves de leur prévoyance à cet égard ont été recueillies en grand nombre par les observateurs les plus dignes de foi. L'un d'eux, M. Huber, de Genève, qui s'est livré à des études approfondies sur les insectes Hyménoptères, a vu des Fourmis communes construire avec beaucoup d'art et de solidité une sorte de dôme maçonné en terre, au pied d'un immense chardon tout couvert d'une légion de Pucerons; elles avaient transporté leurs larves à l'intérieur de ce dôme où elles les nourrissaient du suc des Pucerons. Des ouvertures ménagées à la partie supérieure du dôme, leur permettaient d'entrer et de sortir à volonté. Elles n'auraient pu mieux choisir leur domicile, quand même elles auraient su que le grand chardon n'étant pas une plante cultivée, les Pucerons s'y multiplieraient sans être dérangés, ce qui assurait pour longtemps leur approvisionnement en suc de Pucerons, principale nourriture des larves de Fourmis.

— Est-il vrai, monsieur, dit un élève, que la Fourmi entasse des provisions, comme on le dit, dans ses magasins, pour échapper à la famine en hiver?

§ 23. — Il est vrai, mes amis, reprit l'instituteur, que la prévoyance de la Fourmi est proverbiale ; les poëtes l'ont chantée et personne n'en a douté. Toutefois, dans la réalité, il y a beaucoup à rabattre des idées généralement reçues quant aux provisions accumulées par la Fourmi, en prévision de ses besoins pendant l'hivernage. Quand l'hiver doit être long et rigoureux, elle n'a pas besoin de provisions ; elle tombe dans un état d'engourdissement et d'insensibilité pendant la durée duquel vous comprenez qu'elle ne mange pas. Le véritable danger de disette n'existe pour la Fourmi que dans deux circonstances : d'abord, quand l'hiver est doux, parce qu'alors, l'engourdissement de la Fourmi ne dure pas longtemps; ensuite, quand il survient quelques beaux jours de trop bonne heure au printemps. Dans ce dernier cas, les Fourmis réveillées trop tôt, à une époque où elles ne trouveraient au dehors rien pour se nourrir, ont recours à leurs provisions, consistant principalement en fruits desséchés. Mais, rarement ces provisions sont suffisantes ; les Fourmis, sous l'influence de cette température anormale si fréquente au printemps sous notre climat inconstant, meurent très-souvent de faim, quand elles se sont réveillées prématurément. C'est ce qui leur arriverait toujours, et la race en serait depuis longtemps éteinte, si la nature n'avait doué cet insecte d'une rare sobriété.

— La Fourmi, dit un élève, à en juger d'après ce que nous voyons, me semble mieux mériter la qualification de vorace que celle de sobre.

— Voilà, mon enfant, dit l'instituteur, comme il ne faut juger ni les gens ni les insectes d'après les apparences. Remarquez donc que, quand la Fourmi déploie sa plus grande activité, allant de tous côtés à la recherche de ce qui peut lui servir d'aliments, ce n'est pas pour elle, c'est pour ses larves ; elle est, je le répète, d'une sobriété exemplaire pour son propre compte. Ses larves consomment beaucoup depuis leur naissance jusqu'à leur passage à l'état de nymphes, parce qu'elles changent de peau, et que la préparation du travail intérieur de la transformation ne peut s'accomplir qu'avec une nourriture abondante ; les Fourmis parfaites, au contraire, consomment peu, et peuvent vivre très-longtemps sans manger. Je ne vous ai donc pas trompés, mes amis, en affirmant que la Fourmi est en effet un insecte naturellement très-sobre.

—Je vois dans le jardin, dit un élève, deux espèces de Fourmis : la petite noire commune et la grosse d'un brun roux ; est-ce celle que les naturalistes nomment Fourmi Polyergue?

— C'est elle-même. Les mœurs particulières de cette dernière espèce de Fourmis présentent plusieurs traits intéressants que je ne dois pas vous laisser ignorer.

§ 13. — Est-il vrai, monsieur, comme je l'ai souvent entendu dire, que la grosse Fourmi mange la petite?

— On a longtemps, mon ami, regardé le fait comme certain; il est possible qu'il ait été observé quelquefois; si cela est arrivé, c'était par exception. Une grosse Fourmi a pu sucer et tuer une petite, en cas d'extrême besoin, comme nous avons vu la Guêpe manger, faute d'autres aliments, des insectes qu'elle tue pour s'en nourrir, bien que ce ne soit pas son habitude. Cependant, il est très-vrai que la grosse Fourmi fait la guerre à la petite; mais c'est dans un but tout différent de celui qu'on avait supposé d'après des observations trop superficielles. C'est encore à l'infatigable M. Huber qu'on doit la découverte de la vérité.

Un jour, tandis qu'il se promenait dans la campagne, aux environs de Genève, il remarqua dans un champ une longue bande brune qui pouvait avoir trois mètres de long sur trente-cinq à quarante centimètres de large. Il s'approche et reconnaît avec surprise que c'est une troupe de Fourmis rousses polyergues, marchant en colonne serrée, dans l'ordre le plus régulier. Il se met à les suivre à distance et ne peut s'empêcher d'admirer l'ardeur avec laquelle, sans que pas une s'écarte de son rang, toutes s'avancent vers un but inconnu, franchissant toujours dans le même ordre les chemins, les fossés et les haies. Après un assez long trajet, il les voit s'arrêter en vue d'une grosse fourmilière construite par d'autres Fourmis d'un gris-noir, d'une espèce beaucoup plus petite que les Polyergues rousses. Les assiégées sortent bravement pour faire face à l'ennemi, malgré la grande infériorité de leurs forces; mais bientôt la lutte s'engage, et le corps d'armée gris-noir est refoulé dans sa fourmilière. Les petites Fourmis ne se tiennent pas pour battues; elles se barricadent à l'intérieur et attendent leur sort. Un moment, les Polyergues semblent déconcertées; la voûte de la fourmilière des gris-noirs paraît à l'épreuve de leurs attaques; elles se groupent au-dessus et y restent immobiles pendant quelques instants. M. Huber s'avance avec précaution, fort curieux de savoir comment l'affaire allait se terminer.

Or, mes amis, voici ce qu'il observa. Une douzaine des plus grosses d'entre les Polyergues se mirent à gratter et à fouiller en commun sur un seul point de la voûte; après des efforts persévérants, elles parvinrent à y pratiquer une petite ouverture, bientôt agrandie par leurs camarades; alors, toutes se précipitèrent dans la place assiégée. M. Huber crut, comme on le croyait généralement alors, que les Polyergues n'en sortiraient qu'après l'extermination complète des gris-noir. Quelle ne fut pas sa surprise de les voir toutes ressortir un moment après, chaque grosse Fourmi portant délicatement entre ses pattes une larve de Fourmi gris-noir. A mesure qu'elles sortaient, reprenant leur ordre de marche, elles se formaient en colonne pour retourner à leur propre domicile. Après leur départ, il n'y avait point de cadavres de Fourmis gris-noir autour de la demeure des vaincues, non plus qu'à l'intérieur; pas une n'avait péri; l'ennemi n'en voulait qu'à leurs larves; mais qu'en voulait-il faire? Allait-il les dévorer? Nullement. Les larves enlevées furent déposées très-soigneusement dans la fourmilière des Polyergues, où elles passèrent à l'état de nymphes et subirent leur dernière transformation. Nées dans l'esclavage, elles y conservèrent leur instinct maternel pour l'exercer envers la postérité des Polyergues; tel avait été le but de l'expédition. Les grosses Fourmis rousses, pour s'épargner la peine de nourrir elles-mêmes leurs propres larves, avaient fait naître à côté d'elles des neutres gris-noir qu'elles avaient prises tout élevées et qui s'étaient trouvées chargées du soin de les remplacer.

§14. — Ces faits, monsieur, dit un des plus âgés d'entre les élèves, sont tellement singuliers qu'ils semblent un peu difficiles à croire.

— Si ces faits, dit l'instituteur, n'avaient été, après les observations de M. Huber, qui les a constatés le premier, vérifiés maintes fois par d'autres naturalistes, je me serais abstenu de vous en parler; mais le doute n'est pas permis. N'y a-t-il pas là un merveilleux instinct, manifesté chez ces animaux si faibles, si petits, si bas placés dans l'échelle des êtres, et qui pourtant accomplissent des choses si fort au-dessus des moyens que fait supposer en eux leur chétive apparence?

— Tout cela, monsieur, est réellement admirable; mais quels moyens certains peut-on employer, je vous prie, pour détruire les fourmilières et préserver des atteintes des Fourmis les produits du jardinage?

— On détruit les fourmilières comme les guêpiers, mon enfant, le soir, à la nuit tombante, quand toute la colonie est rentrée au dortoir, en y versant de l'eau bouillante, mêlée d'un peu d'huile.

Quant aux fruits, on ne peut, pour les défendre contre les attaques des Fourmis, qu'étendre près du pied de l'arbre, à un ou deux décimètres au-dessus du sol, une large bande circulaire d'un enduit visqueux, goudron, glu ou peinture lente à sécher; les fourmis, ne pouvant franchir cet obstacle, sont hors d'état de parvenir jusqu'aux fruits. Ce moyen est d'un effet certain; mais il n'en faut pas abuser; car la privation de transpiration occasionnée par la présence de l'un de ces enduits sur une portion de l'écorce, surtout si les arbres sont jeunes, peut leur causer un grave préjudice, en troublant la marche régulière de leur végétation.

§ 15. — Un élève demanda si, parmi les animaux sauvages, il n'y en avait pas quelques-uns qui fissent pour leur propre compte la guerre aux Fourmis.

— Il y en a plusieurs, dit l'instituteur, et ils sont en cela d'utiles auxiliaires pour l'homme. Dans les bois, les Fourmis ont pour ennemi le hérisson, qui les recherche pour s'en nourrir, et les perdrix, qui sont surtout avides de leurs larves. Dans les jardins, elles sont poursuivies et détruites par un gros coléoptère, le *Carabe doré*, plus connu sous son nom vulgaire de *jardinière*, et dont j'aurai à vous entretenir quand nous passerons en revue les insectes utiles de notre pays.

Lorsque, par inadvertance, on a mis le pied sur une fourmilière de grosses Polyergues rousses, elles vous montent en masse le long des jambes, et, par le nombre des coups de leurs suçoirs, qui seraient individuellement insignifiants, elles peuvent causer des douleurs très-vives; l'eau de savon faible, appliquée le plus promptement possible, en est le meilleur remède.

Il me reste à vous dire quelques mots, mes amis, des propriétés mystérieuses de la Fourmi sur l'économie humaine, propriétés qui, dans l'antiquité et durant les siècles d'ignorance, étaient connues et exploitées par ceux qui voulaient se faire passer pour sorciers. Diverses préparations, aussi odieuses que dangereuses, faites avec la Fourmi, prises à l'intérieur ou appliquées extérieurement, font entrer l'homme dans un état d'extase douloureuse, souvent mortelle, pendant laquelle il voit des formes étranges, dont le souvenir lui reste à son réveil; aussi croit-il aisément, surtout s'il est ignorant et faible de caractère, à la réalité de ces rêves procurés par les coupables préparations dont la Fourmi fournit l'élément principal. La frappante analogie du mot *forma* (forme) et du mot *formica,* nom dont nous avait fait *Fourmi,* donne lieu de présumer que les anciens avaient eu, dès la plus haute antiquité, une connaissance quelconque des propriétés dont je ne vous parle ici que comme d'une de ces choses qui nous mettent malheureusement en contact avec les plus mauvais aspects de la pauvre nature humaine.

Ne vous semble-t-il pas, mes amis, que nous avons, en nous instruisant au sujet d'un insecte si vulgaire et si curieux, mieux employé qu'à des jeux puérils une partie de notre loisir du dimanche? Cultiver notre intelligence, qui vient de Dieu, nous rendre compte de ses œuvres en les étudiant, devenir meilleurs en devenant plus instruits (l'un ne doit pas aller sans l'autre), c'est encore une manière de sanctifier le jour du Seigneur, entre les heures consacrées à la prière.

Questionnaire.

La Fourmi nuit-elle directement à l'homme? § 1.

De quoi se compose la population d'une fourmilière? 2.

En quoi les fourmilières diffèrent-elles le plus des essaims d'Abeilles? § 3.

En combien de temps la larve de la Fourmi sort-elle de l'œuf? § 5.

Comment la Fourmi nourrit-elle ses larves nommées vulgairement œufs de Fourmis? § 6.

Comment les vieilles Fourmis font-elles l'éducation des jeunes? § 7.

Quelles sont, parmi les Fourmis, celles qui possèdent la faculté de voler? § 8.

Pourquoi, lorsqu'on dérange une fourmilière, n'y trouve-t-on pas de Fourmis ailées? § 10.

Quels sont les principaux aliments recherchés de la Fourmi? § 10.

Comment se comportent les Fourmis à l'égard des Pucerons? § 10.

Qu'y a-t-il de vrai dans la prévoyance proverbiale de la Fourmi? § 12.

Pourquoi la grosse Fourmi brune ou Polyergue fait-elle la guerre à la petite fourmi noire? § 13.

Comment peut-on préserver les fruits mûrs des attaques des Fourmis? § 14.

Quels sont les animaux qui recherchent les Fourmis pour s'en nourrir? § 15.

NEUVIÈME ENTRETIEN.

LA COURTILIÈRE OU TAUPE-GRILLON, LE HANNETON.

§ 1. — Que regardez-vous là avec tant d'attention, mes amis? dit l'instituteur à quelques-uns de ses élèves qui s'étaient arrêtés près d'une couche à melons dans le jardin de l'école, en attendant l'heure de la promenade habituelle du dimanche.

— Monsieur, dit l'un des enfants, nous examinons, sans oser y toucher, quelques insectes hideux, d'un aspect repoussant, qui sont tombés dans un pot à fleurs enterré au niveau du bord de la couche, et qui font d'inutiles efforts pour en sortir : ce sont des individus remarquablement gros et laids, d'un insecte dont nous ne connaissons que son nom vulgaire de *Courtilière*.

— Je vois, dit l'instituteur, qu'il est en effet tombé quelques Courtilières dans le piége que je leur avais tendu ; il en reste encore beaucoup dans ma couche, malheureusement, et j'aurai fort à faire pour préserver de leurs atteintes mes melons et mes tomates. Ce sont des insectes fort nuisibles aux produits du jardinage, surtout à ceux de la culture forcée, car les Courtilières se tiennent de préférence à l'intérieur des couches ; mais, du reste, vous avez tort de craindre d'y toucher ; si vous essayez d'en prendre une, elle aura plus peur de vous que vous n'avez peur d'elle, et ne cherchera probablement ni à vous pincer, ni à vous mordre, bien qu'elle possède des pinces tranchantes et de solides mâchoires ; il n'est pas dans les mœurs de la Courtilière de chercher à attaquer directement l'homme.

§ 2. — Vous nommez comme nous cette vilaine bête Courtilière. Est-ce que c'est son véritable nom?

— Oui, mon enfant ; elle porte aussi en histoire naturelle le nom de *Taupe-grillon;* mais les entomologistes admettent et emploient le plus souvent son premier nom comme plus connu et plus commode. En savez-vous l'origine?

— Non, monsieur, et je ne vois rien qui puisse me l'indiquer.

— Ce nom, mon enfant, vient des vieux termes français *cortil* et *courtille*, qui tous deux ont désigné longtemps les jardins potagers attenant aux habitations, et qui sont encore en usage dans quelques départements de l'est de la France. Il y a, dans un faubourg de Paris, tout un quartier aujourd'hui couvert de maisons, mais précédemment occupé par des jardins ; on le nomme, pour cette raison, *la Courtille*; *Courtilière* veut dire *jardinière*, bien que la Courtilière ne fasse dans les jardins que de fort mauvaise besogne.

— Pourquoi, monsieur, la nomme-t-on également Taupe-grillon?

— Parce que, d'une part, elle vit constamment sous terre et y creuse des galeries qui offrent une analogie frappante avec celles de la taupe ; et que, d'autre part, elle fait entendre pendant la nuit un bruissement d'appel qui ressemble fort à celui du Grillon. Mettez un morceau de papier blanc au milieu de ce petit pot à fleurs; faites-y tomber une Courtilière, puisqu'il vous répugne d'y toucher, et nous en examinerons à loisir la structure. Vous voyez qu'elle se tapit au fond du pot, immobile de frayeur, comme le font d'ordinaire les insectes souterrains, lorsqu'on les expose à la lumière du jour.

§ 3. — Est-ce que la courtilière est privée de la vue?

— Pas le moins du monde, mon enfant ; elle a des yeux fort apparents, au contraire ; mais il est plus que probable qu'ils sont organisés pour ne saisir que la *lumière diffuse*, c'est-à-dire ce peu de lumière qui règne dans l'obscurité où elle vit habituellement, de sorte que la vive lumière du jour la rend aveugle.

— Alors, dit un enfant, ses yeux ressemblent donc à ceux des chats et des hiboux?

— Cela est probable, mon enfant, bien que l'imperfection de nos moyens d'observation ne nous permette pas de le vérifier. Observons d'abord les parties de la Courtilière qui ont servi à la classer. Vous voyez qu'elle porte attachés au corselet des élytres coriaces presque comme ceux des coléoptères, puis des ailes véritables qui dépassent les élytres et qui ont à peu près les caractères des ailes des insectes *orthoptères*, dont nous nous sommes occupés en étudiant la Sauterelle. Je me sers du mot à peu près, mes enfants, parce que la Courtilière est, si je puis m'exprimer ainsi, un insecte *irrégulier*. Remarquez sa tête; au lieu d'être distincte du corselet, elle s'emboîte dedans, presque comme la tête d'une écrevisse; considérez surtout la première paire de pattes; vous verrez qu'elle se termine par deux sortes de pinces plates, dentées en scie; c'est l'instrument dont l'insecte se sert pour creuser ses galeries souterraines; malgré ses irrégularités, c'est un insecte *orthoptère*.

§ 4. — Monsieur, dit un enfant, puisque la Courtilière vit sous terre comme la taupe, ses ailes ne peuvent lui servir ni à voler, ni à sauter. Que peut-elle en faire?

— De la musique, mon enfant; c'est en frottant vivement ses ailes membraneuses contre ses élytres coriaces, que la Courtilière, à l'exemple des Sauterelles et des Grillons ses proches parents, produit ce bruit monotone qu'on nomme improprement *chant*, puisque, comme je vous l'ai expliqué pour les Sauterelles, pas un de ces insectes ne chante dans le vrai sens de cette expression. Les naturalistes désignent ce bruit d'une nature particulière, sous le nom de *stridulation*; les insectes s'en servent pour s'appeler réciproquement.

— Quelle est, monsieur, je vous prie, la manière dont les Courtilières grandissent et se développent? J'en vois dans le pot qui vous sert de piége pour les prendre, qui sont plus petites que les autres et qui n'ont pas d'ailes, ce qui, joint à leur parenté avec les Sauterelles, me fait présumer que le mode d'accroissement de ces deux insectes pourrait bien être le même.

— Il l'est en effet, mon enfant; seulement, il est beaucoup plus lent chez la Courtilière que chez la Sauterelle; les jeunes courtilières mettent trois longues années à se compléter. La femelle pond d'abord de 200 à 300 œufs très-proprement arrangés dans un nid circulaire qu'elle creuse à cet effet au fond de l'une de ses galeries qui, comme celles de la taupe, aboutissent toujours à un centre commun. Les jeunes insectes naissent tout blancs; mais en quelques heures, ils deviennent d'un brun roux tournant au noir, couleur que les Courtilières gardent ensuite toute leur vie. A l'entrée de chaque hiver, elles s'engourdissent pour ne s'éveiller qu'au printemps; à trois ans, elles prennent des ailes; alors seulement elles sont aptes à se reproduire.

§ 5. — Monsieur, dit un élève, est-il vrai, comme je l'ai entendu dire par un jardinier du château, que les courtilières ne mangent pas les racines des plantes, et qu'elles les scient avec leurs pattes de devant pour tracer leur couloir où elles se livrent à la chasse aux insectes, leur unique nourriture?

— Il y a là dedans, mon ami, du vrai et du faux. La Courtilière vit principalement d'insectes et de larves souterraines d'insectes, cela n'est pas douteux, et même, si l'on enferme ensemble deux Courtilières, la plus forte tue l'autre et la mange sans en laisser le moindre vestige; mais on voit fréquemment des racines tendres, comme celles des laitues romaines et des raiponces, non pas coupées, mais bien rongées et mangées par les Coutilières; je les ai prises maintes fois sur le fait. Il est donc certain qu'elles mangent au besoin des végétaux et des substances animales. Elles ont de commun avec la taupe un appétit très-impérieux, une voracité que rien ne peut rassasier, ce qui explique leur travail incessant à la recherche de ce qui peut servir à leur nourriture. Quand, sur le chemin de ses galeries, dont le plan est toujours uniforme, la Courtilière rencontre une racine trop dure pour qu'elle puisse la couper, après avoir essayé, elle y renonce, tourne tout autour, puis reprend sa direction avec une régularité remarquable.

§ 6. — Monsieur, dit un enfant, pourquoi votre couche à melons est-elle infectée de Courtilières, tandis qu'il n'y en a pas de traces dans votre couche au plant de chou-fleurs, placée tout près de la première?

— Mon enfant, c'est que huit jours avant de semer mon

plant de choux-fleurs sur une seconde couche, sachant qu'elle contenait des Courtilières, je l'ai arrosée avec deux ou trois seaux d'urine de vache en fermentation ; toutes les Courtilières ont péri.

— Et pourquoi, je vous prie, n'avez-vous pas employé ce remède si efficace pour tuer les Courtilières de votre couche à melons ?

— Parce qu'en l'imbibant d'urine de vache, je l'aurais rendue impropre à la culture des melons ; entre deux inconvénients, j'ai choisi le moindre. Vous voyez d'ailleurs qu'au moyen des pots enterrés à fleur de terre, je puis prendre et détruire la plus grande partie des Courtilières logées dans ma couche à melons, et réduire assez le nombre de ces insectes pour que les plantes cultivées sur ma couche n'aient pas trop à souffrir. Quand les melons seront mûrs, je me lèverai avant le jour pour démonter ma couche et je la bouleverserai à coups de bêche. Dès le point du jour, mes voisins les choucas, ou petits corbeaux domiciliés dans le clocher de la paroisse, ne manqueront pas de s'abattre sur la couche retournée ; ils n'y laisseront pas une Courtilière, jeune ou vieille ; ils rechercheront même avec attention les œufs de Courtilière dont ils sont très-friands, et nous verrons probablement peu de Courtilières l'année prochaine. Vous voyez, par parenthèse, mes enfants, que j'ai de bonnes raisons pour vivre en bon voisinage avec mes amis les choucas du clocher : il faut ménager les gens qui ne vous font aucun tort et qui peuvent vous rendre service dans l'occasion, même quand il s'agit de simples choucas.

§ 7. — Vous avez raison, monsieur ; mais pourtant, vous conviendrez que vos amis les choucas ont une voix bien peu agréable.

— D'accord, mon enfant ; mais, vous qui parlez, prétendez-vous avoir des amis qui n'aient point de défauts ?

— Monsieur, dit un élève, voici un malheureux Hanneton que j'ai depuis ce matin piqué avec une épingle sur un bouchon pour le conserver, pensant qu'il mourrait immédiatement de sa blessure. La pauvre bête paraît souffrir, car elle se débat vivement. Comment pourrais-je la tuer ?

Ses douleurs me font peine à voir; sont-elles réellement aussi vives qu'elles le paraissent?

— Cela est probable, dit l'instituteur, car le Hanneton, vous le reconnaissez facilement, appartient à l'ordre des Coléoptères; les naturalistes admettent chez les insectes coléoptères un système nerveux et un cerveau, ou du moins quelque chose qu'ils décorent de ce nom. Tous les êtres chez lesquels des appareils de cette nature existent, sont très-sensibles à la douleur physique. Quant à votre Hanneton, voici un tout petit flacon; débouchez-le avec précaution, trempez-y une épingle, et pendant qu'elle est mouillée, percez-en de nouveau le patient; c'est fait: la mort a été instantanée.

— Puis-je vous demander, dit l'élève, ce que contient votre flacon?

§ 8. — Il contient, reprit l'instituteur, un poison aussi mortel pour l'homme que pour les insectes; vous voyez que j'ai soin de placer sous clef et bien à l'écart ce dangereux flacon. On nomme ce poison de la *nicotine*. Un de mes amis, habile pharmacien, m'en a fourni les quelques gouttes que vous voyez, précisément pour l'usage que vous venez d'en faire à l'instant; c'est le moyen dont les entomologistes se servent aujourd'hui généralement pour tuer subitement les insectes dont ils font collection, en les faisant souffrir le moins possible.

— C'est un terrible pouvoir, dit un élève en regardant de travers le flacon avec une sorte d'effroi, que celui de préparer de tels poisons!

— C'est vrai, dit l'instituteur; mais ce pouvoir, comme tout ce qui tient à l'usage de l'intelligence, cesse d'être terrible et dangereux entre les mains de l'homme vraiment religieux, qui voit Dieu au fond de toute chose, et qui trouve dans tout progrès nouveau de la science humaine, un motif nouveau de glorifier la source de toute science et de toute vérité.

— Je voudrais bien savoir, monsieur, pourquoi l'on fait de la nicotine, et si cette affreuse liqueur peut servir à quelque autre chose d'utile qu'à faire promptement périr les insectes qu'on veut conserver?

§ 9. — D'abord, mon enfant, je vous dirai qu'on fait de la nicotine comme de tous les poisons, pour la bien connaître, en étudier les propriétés et en combattre les effets au besoin. La nicotine est le principe vénéneux du tabac; il est fort utile de savoir combattre les effets de l'empoisonnement par le tabac. Écoutez, mes amis, une anecdote à ce sujet.

Il y avait sous Louis XIV un poète célèbre du nom de Santeuil, de l'ordre des religieux de Saint-Victor; on lui doit une partie des plus belles hymnes en latin qui se chantent à l'église aux principales fêtes de l'année. Un soir, soupant avec des amis parmi lesquels étaient de très-grands seigneurs, l'un d'eux, croyant ne faire qu'une simple plaisanterie, vida sa tabatière dans le verre du malheureux Santeuil, qui but avec distraction et mourut dans d'atroces douleurs. Il est probable que, si l'on avait su dès ce temps-là faire de la nicotine, comme vous dites, c'est-à-dire si ce poison avait été aussi bien étudié qu'il l'est de nos jours, on aurait secouru efficacement Santeuil, qui n'aurait pas succombé aux suites d'un si déplorable accident.

C'est encore par une anecdote, et celle-là est toute moderne, que je réponds à la question qui m'a été adressée quant à l'utilité directe de la nicotine. Il y a quelques années, un voyageur naturaliste, explorant pour en étudier les richesses végétales, les bords de l'Orellana, dans l'Amérique du Sud, posa par mégarde le pied sur la queue d'un serpent *crotale*, de la plus dangereuse espèce. Le reptile s'enroula aussitôt autour de la jambe du voyageur qui, conservant toute sa présence d'esprit, saisit énergiquement le crotale au-dessous de la tête, et le serra de manière à le forcer d'ouvrir sa gueule, armée de crochets redoutables; de l'autre main, demeurée libre, il prit dans sa poche un flacon de nicotine, qu'il portait constamment sur lui, parvint à le déboucher, et en versa quelques gouttes dans la gueule béante de son ennemi, qui tomba raide mort.

Si cette anecdote, que je vous rapporte sans en garantir l'authenticité, n'est pas, comme on serait tenté de le croire, le produit de l'imagination d'un voyageur plus ami du merveilleux que de la vérité, elle vous montre le parti que, dans une circonstance critique, un homme courageux a pu tirer, pour sa défense personnelle, de ce poison terrible. Ce qu'elle démontrerait surtout, si elle était vraie, c'est l'avantage pour l'homme de conserver en toute circonstance son sang-froid et sa présence d'esprit.

§ 10. — Revenons maintenant au Hanneton. Les naturalistes le nomment *Melolontha* ; c'est le nom que portait cet insecte chez les Grecs et les Romains, dont, pour le dire en passant, les enfants prenaient déjà il y a vingt-cinq siècles le plaisir barbare dont je vous ai souvent blâmés, celui de faire voler un Hanneton captif attaché à un long fil par une de ses pattes. Vous savez tous qu'il mange sous sa forme définitive, et vous connaissez, sous le nom de *pain de Hanneton*, le fruit membraneux de l'orme que le Hanneton préfère à toute autre nourriture.

— Est-ce que le Hanneton, comme insecte parfait, peut causer de grands dommages aux biens de la terre?

— Il le peut assurément, mon ami, lorsqu'il existe en grand nombre sur un même point. Sa morsure est essentiellement nuisible aux grands végétaux dont il dévore les feuilles. Sur les arbres forestiers dépouillés de leur feuillage par les Hannetons, la végétation s'arrête ; ils ne meurent pas, mais ils languissent pendant plusieurs années avant de reprendre leur vigueur précédente ; les arbres fruitiers, en pareil cas, sont pour deux ou trois ans frappés de stérilité absolue.

— Les grandes invasions de Hannetons dans un seul canton sont-elles fréquentes en Europe?

— Elles sont heureusement assez rares, mon enfant ; mais aussi, là où elles ont lieu, c'est dans des proportions formidables ; en voici quelques exemples pris parmi ceux qui peuvent être considérés comme authentiquement constatés. En 1688, dans le comté de Galway, en Irlande, on vit apparaître un nuage de Hannetons qui obscurcissait la lumière du jour un peu avant le coucher du soleil, vers le milieu du mois de mai ; l'étendue de ce nuage est évaluée par un témoin oculaire à environ trois milles anglais, soit un peu plus de cinq kilomètres. En 1832, le même fait a été observé près de Gournay, en Normandie. La diligence partant de cette ville le soir, fut assaillie à sa sortie par une telle nuée de Hannetons que les chevaux effrayés et aveuglés par des milliers de ces insectes, s'emportèrent et durent être non, sans peine, ramenés dans la ville, jusqu'à ce que le nuage de Hannetons se fût dissipé. En 1841, M. Mulsant, entomologiste distingué, a vu, près de Mâcon, des millions de Hannetons, après avoir dépouillé de leurs feuilles naissantes les vignobles de la rive gauche de la Saône, se former en nuage épais et venir s'abattre sur les vignobles de la rive droite. Une partie tomba sur la ville de Mâcon dont, en un moment, les rues et les places furent littéralement couvertes de Hannetons qui n'avaient plus la force de s'envoler; on les ramassait à la pelle : jugez, mes enfants, du mal que peut faire une pareille multitude d'insectes aussi voraces que l'est le Hanneton! Mais, comme je vous l'ai dit, ces faits déplorables ne sont heureusement pas fréquents, et les ravages du Hanneton seraient peu remarqués s'il ne les exerçait qu'après être parvenu à l'état d'insecte parfait, état sous lequel son existence n'est jamais très-prolongée. Considérons ce qu'il a été avant de subir sa dernière transformation, et suivons-le depuis le moment où la femelle dépose ses œufs en terre, jusqu'à la sortie de l'insecte parfait. Allons dans la campagne; nous verrons de nos propres yeux une partie des faits dont j'ai à vous parler : cela seul vaudra mieux que toutes mes explications.

§ 11. — A peu de distance du village, l'instituteur faisant faire halte à sa troupe, dit en enfonçant dans le sol une mince baguette d'osier qu'il tenait à la main : Regardez autour de vous, mes amis; voyez de combien de trous pareils à celui-ci le sol est percé de toutes parts; les uns ont servi aux Hannetons nouvellement nés dans le sein de la terre, à en sortir pour venir faire connaissance avec la lumière du jour, les autres ont servi aux femelles pour aller s'enterrer volontairement et opérer leur ponte. Remarquez la forme exactement cylindrique de ces trous; le sol est durci par une sécheresse de plusieurs jours : que d'efforts n'a pas dû faire l'insecte pour percer ces ouvertures si parfaitement régulières!

Pendant que l'instituteur parlait ainsi, l'un des élèves

avait tiré son couteau de sa poche; il cherchait en remuant la terre autour d'un trou pratiqué par un Hanneton, à mettre à découvert les œufs qu'il supposait y être déposés.

L'instituteur souriant de l'ardeur que le jeune garçon mettait à cette besogne, prit des mains d'un autre élève une bêche apportée à dessein.

— Vous n'arriverez jamais au but, dit-il à celui qui continuait à fouiller avec son couteau; c'est tout au plus si, moi-même, j'y parviendrai avec le fer de ma bêche; car la femelle du Hanneton ne dépose pas, comme la Sauterelle ou la Tipule, ses œufs presque à fleur de terre; elle les enterre depuis quinze jusqu'à trente centimètres de profondeur.

§ 12. — En quelques coups de bêche, l'instituteur mit à découvert le fond d'un trou terminé par un creux demi-sphérique dans lequel se trouvaient des œufs de Hanneton au nombre d'une vingtaine. Ces œufs, dit-il, si nous ne les avions pas dérangés, seraient devenus des larves; vous voyez qu'ils étaient enfoncés bien assez profondément pour que le soc de la charrue ne pût les atteindre et les ramener à la surface du sol.

Les jeunes larves, d'abord peu volumineuses, vivent en famille; elles se nourrissent probablement des débris de végétaux décomposés que la terre contient autour d'elles; le Hanneton femelle ne pond jamais que dans une terre couverte de végétation. A l'entrée de l'hiver, les larves, sans s'isoler les unes des autres, s'engourdissent pour ne se réveiller qu'au printemps de l'année suivante. Alors seulement chacune tire de son côté en creusant une galerie qui monte obliquement, mais sans jamais arriver jusqu'à la surface extérieure. Le travail de la larve s'arrête dès qu'elle a rencontré les racines des plantes qui garnissent le sol; elle vit toute la belle saison aux dépens de ces racines et recommence à s'enterrer de plus en plus profondément aux approches de chaque hiver, pendant trois ans au moins; elle met quelquefois quatre ans à devenir Hanneton; elle ne passe qu'un temps fort court à l'état de nymphe; elle mange ainsi presque depuis sa naissance jusqu'à sa mort. Les larves de seconde et de troisième année vous sont bien connues sous les noms de *turcs* ou *vers blancs ;* on les trouve souvent accrochées aux racines des plantes cultivées ; la grosseur de leur tête et la tache bleuâtre de l'extrémité de leur corps constamment replié sur lui-même, les rendent aisément reconnaissables. Partout où elles sont en nombre, les larves de Hanneton sont un fléau pour les champs et les jardins.

§ 13. — Quels procédés de destruction peut-on, je vous prie, opposer aux dégâts causés par le Hanneton et ses larves?

— Au lieu d'énumérer les divers moyens usités pour essayer de limiter le nombre de ces insectes, faisons mieux, voyons-en les principales applications ; nous en trouverons des exemples autour de nous. Regardez cette luzerne ; elle est bien maigre et bien chétive ; ce n'est pas par épuisement ; elle a trois ans, et devrait être en plein rapport ; ce n'est pas non plus faute d'engrais ; le sol avant d'être ensemencé en luzerne, avait reçu toutes les façons et tout le fumier qui devaient assurer une longue durée à cette prairie artificielle. Ce sont uniquement les larves de Hanneton qui l'ont réduite en cet état.

— Qu'aurait-il donc fallu faire, je vous prie, pour les en empêcher ?

— D'abord, mon enfant, le cultivateur qui a semé cette luzerne aurait pu la préserver jusqu'à un certain point en faisant ce qu'a fait celui dont vous voyez à deux pas d'ici la charrue laissée au bout du sillon, prête pour le travail de demain. Sachant sa terre infectée de *turcs*, ainsi qu'on nomme les larves de Hannetons dans notre pays, ce laboureur a eu soin de faire conduire dans ces champs, aussitôt après le labour, une bande de dindons affamés qui ont scrupuleusement épluché la surface ameublie et n'y ont pas laissé subsister une seule larve de Hanneton. Il est vrai que ce moyen de destruction est incomplet ; il n'atteint ni les œufs ni les jeunes larves, enterrées, comme vous venez de le voir, à une profondeur où le soc de la charrue ne peut pénétrer pour les ramener à la portée du bec des dindons : mais, ce que ces oiseaux dévorent est toujours autant d'ennemis de moins ?

Un autre moyen plus efficace, c'est celui qu'un de nos voisins est en train de mettre en pratique. Que voyez-vous dans ce champ revêtu d'une riche verdure d'un ton très-clair ?

§ 14. — Cela, dit un élève après un coup d'œil jeté sur le champ désigné par l'instituteur, c'est du colza; mais il est semé trois ou quatre fois trop serré; il a levé épais comme du poil sur un chien; je défie bien celui qui l'a semé d'en rien retirer s'il n'en arrache les trois quarts; voilà un semeur qui doit avoir la main bien lourde.

— Avant de le blâmer, dit l'instituteur, il faudrait savoir s'il n'a pas eu de bonnes raisons pour semer ainsi. M. le curé a dit au voisin Jacques qu'il voyait désolé de ne pouvoir empêcher le ver blanc de pulluler dans sa terre: Vous devriez essayer d'un procédé que j'ai vu employer avec succès en Belgique où j'ai souvent voyagé. Plusieurs fermiers flamands de ma connaissance se débarrassent du ver blanc, sinon totalement, au moins en grande partie, en semant, après la moisson, du colza très-épais, qu'ils enterrent par un labour profond lorsqu'il a quinze à vingt centimètres de hauteur. Le contact du colza pourri dans l'intérieur du sol fait périr les larves du Hanneton, et le colza enfoui vert produit, quant à la fertilité du sol, l'effet d'une demi-fumure.

— Je ne savais rien de tout cela, monsieur, dit l'enfant honteux d'avoir parlé avec un peu trop de présomption.

— Je sais fort bien que vous l'ignoriez, mon ami, reprit l'instituteur; vous voyez maintenant que notre voisin Jacques n'a pas commis une maladresse, et que c'est à dessein qu'il a semé ce champ de colza excessivement épais. Ne soyez pas si prompt une autre fois à blâmer des choses que vous ne connaissez pas assez pour en bien juger. J'ajoute que, dans les sols peu profonds, où les larves de Hanneton ne peuvent pénétrer dans le sous-sol, on les détruit en labourant la terre à l'approche des fortes gelées; le froid qui pénètre alors dans le sol fraîchement remué suffit pour les faire périr. Les procédés que je viens de vous exposer, mes amis, sont à peu près les seuls qu'on puisse appliquer avec chance de succès dans la grande culture.

Retournons dans le jardin de l'école; je vous y montrerai les applications d'un autre genre de moyens de préservation contre les ravages du ver blanc, moyens qu'il n'est pas possible d'employer en grand, mais dont le jardinage peut parfaitement tirer parti.

§ 15. — En rentrant dans le jardin, l'instituteur appela d'abord l'attention des élèves sur une plate-bande défoncée à quarante centimètres de profondeur, et dont toute la terre avait été enlevée. Le fond de cette fosse était garni d'un lit épais de feuilles sèches de châtaignier. Chacun s'empressa de lui demander ce que signifiaient ces préparatifs.

— Vous vous souvenez, sans doute, mes amis, dit-il, que mon jardin, permettez-moi de dire *notre jardin*, avait l'an passé une fraisière assez florissante; j'ai même eu le plaisir de faire goûter des fraises à plusieurs d'entre vous. Cette année, les vers blancs ne m'ont pas laissé un seul fraisier; ils m'ont dévoré les racines et tout a péri; je suis dans la nécessité de renouveler la plantation. Grâce à ce lit de feuilles sèches, j'ai lieu d'espérer que l'ennemi ne pourra pas cette fois pénétrer jusqu'aux racines des nouveaux fraisiers que je vais planter dès demain, après avoir remis la terre à sa place.

— Monsieur, dit un élève, les feuilles du châtaignier sont-elles un poison pour le ver blanc? A défaut de ces feuilles, pourrait-on en employer d'autres au même usage?

— Les feuilles sèches du châtaignier, dit l'instituteur, arrêtent le ver blanc en raison de leur consistance solide et coriace; les mâchoires ou *mandibules* de la larve du Hanneton n'ont pas la force de les entamer. D'autres feuilles moins dures, celles du tilleul, par exemple, ne seraient probablement pas un obstacle suffisant. Je n'ai pas besoin de vous faire remarquer, mes enfants, combien l'emploi de ce procédé est impraticable dans la grande culture; et même, quoique notre jardin ne soit pas très-grand, il me serait parfaitement impossible d'en traiter tous les carrés comme la planche destinée à la nouvelle fraisière. Il faut maintenant que je vous dise, pour votre instruction, comment il se fait que notre pauvre jardin soit misérablement dévasté comme vous le voyez par les larves du Hanneton.

§ 16. — J'avais remarqué, il y a deux ans, beaucoup de Hannetons rongeant les feuilles des arbres fruitiers; je priai l'un de vous de vouloir bien leur donner la chasse, ce qu'il fit avec beaucoup de soin; il en ramassa un plein panier. Puis, pensant assurer leur destruction, il fit un grand trou dans un coin du jardin, et les y enterra. Qu'en résulta-t-il? Que pas une seule femelle ne périt; toutes s'échappèrent en creusant des galeries dans tous les sens; toutes déposèrent leurs œufs dans le jardin. La première année, les larves étant encore jeunes et ne mangeant pas beaucoup, je m'aperçus à peine de leur présence; mais, cette année, vous voyez comme les vers blancs ont traité mes cultures; l'année prochaine, si nous ne prenons nos mesures pour y mettre ordre, ce sera à n'y pas tenir. Mes efforts partiels n'ont pas produit jusqu'à présent de bien grands résultats. Les larves de Hanneton ont tué une grande partie de ma collection de rosiers en en rongeant les racines; désirant préserver au moins ce qui en reste, j'ai pris le parti d'offrir en pâture aux vers blancs des laitues dont ils ont déjà bien éclairci les rangs; ils préfèrent les racines des laitues même à celles des rosiers. Il ne restera pas une laitue, mais pendant que les larves des Hannetons achèveront de dévorer les laitues, elles laisseront les rosiers en repos. Pour juger de l'efficacité de ce procédé, vous, mon ami, qui vous appuyez tout en m'écoutant, sur le manche de votre bêche, enlevez d'un coup de cet instrument une laitue avec toute sa racine.

— Détachez la terre qui l'entoure. — Nous prenons en flagrant délit trois vers blancs occupés à la ronger. S'ils n'étaient ici excessivement nombreux, je finirais par m'en rendre maître; mais il y en a trop. Je vais faire défoncer tous les carrés, j'y sèmerai en automne du colza qui sera déjà fort avant l'hiver; j'enterrerai ce colza par un second labour, et j'espère qu'il fera périr la plus grande partie de mes invincibles ennemis.

§ 17. — Je comprends, dit un élève, qu'ici, par la cause accidentelle que vous venez de nous expliquer, les larves du Hanneton se sont multipliées à l'excès dans un petit espace; y a-t-il, monsieur, sauf dans des circonstances semblables, des jardins aussi maltraités que le nôtre par cet insecte malfaisant?

— Assurément, mon ami, il y en a, et beaucoup. Un pépiniériste de Bourg-la-Reine, village à huit kilomètres de Paris, a perdu en 1854 *pour plus de trente mille francs* de jeunes arbres tués par les vers blancs qui en ont dévoré les racines. J'ai connu des jardiniers de profession, adonnés particulièrement à la culture des rosiers, complétement ruinés par le Hanneton. J'en ai vu d'autres forcés de battre en retraite devant un si terrible adversaire, abandonner des établissements florissants et bien situés, après avoir vu périr la moitié de leurs rosiers et de leurs arbres à fruits. Vous ne serez donc pas étonnés d'apprendre que plusieurs sociétés d'horticulture sont en instance auprès de l'autorité compétente pour obtenir que la recherche et la destruction des Hannetons deviennent obligatoires comme l'échenillage et par les mêmes motifs. Si les vœux de ces sociétés sont réalisés, l'effet des mesures réclamées ne sera pas immédiat; mais au printemps de chaque année, si tous les Hannetons sont pris et détruits, on finira sinon par faire disparaître totalement les vers blancs, du moins par les contenir dans des limites tolérables, ce qui serait un immense bienfait pour nos champs cultivés et pour nos jardins.

— Prendre tous les Hannetons, dit un élève! Il me semble que ce ne serait pas une petite besogne.

§ 18. — Ce serait, j'en conviens, dit l'instituteur, un travail assez long, beaucoup moins long, pourtant, que vous ne pouvez le supposer. Rappelez-vous que les Coléoptères en général et les Hannetons en particulier, ont pendant leur existence à l'état d'insectes parfaits, des périodes de sommeil en quelque sorte léthargique, que tout le monde connaît. En secouant les arbres aux feuilles desquels les Hannetons se sont cramponnés avant de s'endormir, on détermine leur chute; rien n'est plus facile alors que de le faire ramasser par des femmes ou des enfants.

— S'il faut payer des ouvriers pour faire cet ouvrage, dit un élève, ne vous semble-t-il pas, monsieur, que la destruction des Hannetons coûtera fort cher ?

— D'abord, mon ami, remarquez qu'il s'agirait seulement d'y employer des femmes et des enfants pendant quelques heures de quelques journées de printemps. Le plus souvent, les enfants qu'on occuperait à la chasse aux Hannetons, ne font rien du tout ; ils feraient dans ce cas une chose fort utile, sans rien retrancher de la main-d'œuvre habituellement consacrée aux travaux ordinaires de l'agriculture. Ensuite, une chose que vous ne soupçonnez pas et qui vous étonnera beaucoup probablement, c'est qu'il est possible de tirer des Hannetons, lorsqu'on en ramasse des masses, un certain parti qui couvrirait en partie les frais du *hannetonage*. Ce terme qui n'est pas dans le dictionnaire, devrait être admis par analogie avec le mot *échenillage ;* si la loi rendait obligatoires la recherche et la destruction des Hannetons, comme celle des chenilles.

§ 19. — Que peut-on retirer de bon d'un Hanneton, dit un élève ? je suis très-curieux de l'apprendre.

— En soumettant les Hannetons à une forte pression, à chaud, on en retire, dit l'instituteur, une huile, à la vérité d'un goût affreux et d'une odeur déplorable ; mais enfin, c'est de l'huile. Un économiste hongrois, M. Zarkas, assure que, dans son pays, on se sert de cette huile pour graisser les roues des voitures ; assurément, je ne conseillerai à personne d'en assaisonner une salade qu'il pourrait être difficile de manger ; mais il suffit que l'huile de Hanneton, si limités que soient ses usages, puisse être utilisée d'une manière quelconque pour qu'elle ait une certaine valeur, capable de couvrir au moins en partie les frais de la recherche des Hannetons.

— Monsieur, dit un élève, y a-t-il parmi les végétaux cultivés pour l'usage de l'homme, quelques plantes que le Hanneton n'attaque point ?

— Il n'y en a, mon enfant, ni dans les champs, ni dans les bois, ni dans les jardins. Pour vous en citer un exemple certain, je vous dirai qu'en 1835, M. Ratzeburg, inspecteur des forêts en Prusse, a constaté la destruction par les Hannetons et leurs larves d'une forêt de jeunes pins de sept ans, de trois cent vingt hectares d'étendue. Ainsi le Hanneton mange avec une égale avidité la racine tendre et laiteuse de la laitue et la racine coriace et résineuse du pin sylvestre : on peut dire qu'en fait de racines, tout convient à ses larves, comme tout convient en fait de feuillage à l'insecte parfait. C'est donc, assurément, l'un des insectes qui font le plus de tort aux produits de toute sorte de cultures ; mais c'est dans les jardins qu'il cause les plus graves dommages.

Questionnaire.

Quelle est l'origine des noms de la Courtilière ou Taupe-grillon? § 1.

Quelles sont les particularités les plus remarquables de la structure de la Courtilière? § 2.

Quel usage la Courtilière peut-elle faire de ses ailes? § 2.

De quelle manière et en combien de temps la Courtilière prend-elle tout son accroissement? § 3.

Comment la Courtilière nuit-elle aux produits des jardins? § 4.

Quels procédés de destruction peut-on opposer à la Courtilière, dans les couches employées à la culture forcée? § 5.

Comment peut-on tuer instantanément les insectes piqués pour les conserver? 7.

Quels genres de service peut rendre la nicotine? §§ 8 et 9.

Les grandes invasions de Hannetons sont-elles fréquentes? 10.

Quels en sont les exemples bien constatés? § 10.

Dans quelles conditions s'opère la ponte des œufs du Hanneton? § 11.

Comment vivent et se développent les larves du Hanneton? § 12.

Comment peut-on limiter le nombre de ces larves dans les champs et dans les jardins? §§ 13 et 14.

Par quel moyen, dans les jardins, peut-on préserver les fraisiers des attaques des larves du Hanneton? § 15.

Quand on a ramassé beaucoup de Hannetons et qu'on les enterre, que deviennent-ils? § 16.

Quelle est le moment favorable pour la recherche et la destruction des Hannetons? § 18.

Quel produit utile peut-on retirer du Hanneton? § 19.

DIXIÈME ENTRETIEN.

LA NITIDULE, LA BRUCHE DES POIS, LA FORFICULE OU LE PERCE-OREILLE.

§ 1. — D'où vient, monsieur, dit un élève le dimanche suivant, d'où vient, je vous prie, que vos framboisiers sont chargés de fruits, et que les nôtres, exactement de la même espèce, puisque c'est vous qui les avez donnés à mon père, cultivés dans les mêmes conditions, puisque notre jardin touche à celui de l'école, n'ont donné que des fleurs auxquelles aucun fruit n'a succédé? Serait-ce, par hasard, la faute de ce petit insecte bronzé, luisant, dont j'ai vu des centaines fourmiller dans les framboisiers en fleurs, et dont j'ai recueilli quelques-uns pour vous les montrer?

— Vous avez précisément, mon enfant, dit l'instituteur, mis le doigt sur le nœud de la difficulté. Cet insecte se nomme *Nitidule*, ce qui veut dire brillant; vous aviez déjà remarqué l'éclat métallique de ses élytres. C'est un Coléoptère dont les transformations sont celles de l'ordre auquel il appartient, et qui n'offre aucune particularité digne de remarque, ni dans ses mœurs, ni dans son organisation. Les Nitidules sont depuis longtemps connues et étudiées des entomologistes qui en ont classé et décrit au delà de quatre cents espèces. Personne cependant ne les avait soupçonnées de porter un grave préjudice aux produits du jardinage, lorsqu'il y a une dizaine d'années, par l'une de ces causes accidentelles qui échappent à l'observation, les Nitidules multiplièrent avec excès dans quelques-unes des communes des environs de Paris, où le framboisier est cultivé sur une très-grande échelle. Les cultivateurs de ces communes n'y firent aucune attention; cependant, ils furent singulièrement et très-désagréablement surpris de voir que, pour ainsi dire, pas une des fleurs de leurs framboisiers ne donnait son fruit; toutes étaient suivies d'une sorte de concrétion verte qui ne changeait pas de couleur, et sur laquelle un ou deux grains rouges se montraient de loin en loin. Tout le monde crut que les framboisiers étaient malades ou dégénérés; on en fit venir du plant de très-loin pour renouveler les plantations; le mal reparut avec la même intensité. Cela durait depuis plusieurs années, et beaucoup de cultivateurs avaient définitivement renoncé à la culture du framboisier, lorsqu'un jardinier de mes amis, M. Graindorge, de Fontenay, s'avisa d'inspecter avec soin ses framboisiers en fleurs. Il se dit que des arbustes, si bien fleuris et en si belle végétation, ne pouvaient être malades, et que le mal devait avoir une autre cause. Il crut la reconnaître dans la présence des insectes que, pour la première fois, il voyait aller et venir dans les fleurs de ses framboisiers.

M. Graindorge envoya des spécimens de ces insectes à un entomologiste de sa connaissance qui habitait alors la Belgique. Celui-ci, après avoir multiplié les observations de concert avec le père Bernardin, religieux des environs de Gand, qui s'occupe avec persévérance d'entomologie pratique, constata que les insectes étaient des Nitidules, et qu'à l'époque de la floraison des framboisiers, ils se nourrissaient précisément des organes reproducteurs contenus dans les fleurs de cet arbuste, ce qui rendait la fructification complétement impossible. Dès lors, évidemment, comme l'avait bien pensé M. Graindorge, les framboisiers n'étaient nullement malades; la cause du mal n'était plus douteuse.

§ 2. — En reconnaissant la cause du mal, en a-t-on en même temps trouvé et indiqué le remède?

— Le remède, mon enfant, est des plus simples; il consiste à secouer les tiges du framboisier sur du linge ou des feuilles de gros papier étendues au pied des arbustes, à l'heure où les Nitidules ne sont pas sorties de l'engourdissement où elles tombent pendant la nuit et aussi durant la grande chaleur du jour, comme les Hannetons et la plupart des autres insectes coléoptères. Mettez ce procédé excessivement simple en usage dès demain matin, et vous verrez qu'une partie des fleurs non encore endommagées portera fruit. L'an prochain, dès le commencement de la floraison du framboisier, vous ferez de la même manière, comme j'ai soin de le faire moi-même, une chasse persévérante aux Nitidules, et votre récolte de framboises sera aussi abondante qu'elle doit l'être et qu'elle l'est, comme vous le voyez, dans notre jardin.

— Monsieur, dit un élève, j'ai remarqué qu'hier vous avez semé des pois tardifs qui presque tous étaient percés, par conséquent rongés du ver qui les attaque fréquemment; je me suis proposé de vous demander quelques explications à ce sujet.

— Très-volontiers, mon enfant, pour procéder avec ordre, nous étudierons d'abord l'insecte qui attaque les pois et qu'on nomme *Bruche ;* c'est à la fois son nom vulgaire et celui que l'entomologie a adopté. En voici des spécimens dans une collection; quoiqu'ils ne soient pas très-petits, vous les verrez mieux à la loupe.

§ 3. — Après avoir examiné l'insecte, un élève dit que ce devait être un coléoptère et qu'il était remarquable surtout par la croix blanche assez distinctement marquée sur ses élytres d'un gris tournant au brun.

— Cette croix, dit l'instituteur, se voit mieux à la loupe qu'à la vue simple, c'est à cause de cette marque que les entomologistes avaient surnommé la Bruche *Mylabre à la croix blanche*; mais le nom de bruche, plus court et plus généralement usité, a prévalu. La Bruche est voisine du Charançon, dont elle serait la très-proche parente, s'il ne lui manquait le signe distinctif de tous les Charançons, la prolongation de la partie antérieure de la tête, qui figure une trompe ou tout au moins un très-long nez. L'abdomen se termine par une pointe dont la femelle se sert pour loger ses œufs dans les siliques des pois, des fèves et des vesces, au moment où le grain commence à s'y former. L'insecte, sans jamais se tromper de place, prend toujours la silique à l'endroit qui correspond à un grain. L'œuf, déposé dans ce grain, ne met aucun obstacle à son grossissement. En peu de jours, il devient une larve qui grossit avec une excessive lenteur, et qui ne commence à prendre un volume un peu considérable, que quand la graine aux dépens de laquelle elle continue elle-même à vivre, est parvenue à toute sa grosseur.

J'ai peine à comprendre, monsieur, comment un pois, par exemple, renfermant une larve de bruche à son intérieur, peut continuer à grossir ; je ne vois pas davantage comment les pois percés par la bruche vous semblent bons à employer en qualité de grains de semence.

— Je vous ai déjà recommandé, mon enfant, de ne pas faire enjamber l'une sur l'autre des questions qui exigent des réponses essentiellement distinctes et différentes entre elles. Pour répondre à votre première question, je vous ferai observer que la vie végétale se communique de la plante à la cosse du pois par la queue de la cosse, et de cette cosse au pois lui-même par son petit appendice ou support qui le retient fixé au bord d'un des côtés de la cosse. Or, la larve de la bruche, douée de beaucoup plus d'instinct que n'en ferait supposer la simplicité de son organisation, n'attaque jamais le support du pois; elle ne ronge que la substance de ses deux côtés charnus, sans entamer la partie par laquelle ils reçoivent de la plante la nourriture végétale qui les fait grossir.

§ 4. — Est-ce que cette larve, dit un enfant, donne encore d'autres signes d'un instinct extraordinaire ?

— Elle en donne un qui semble merveilleux, dit l'instituteur. Ainsi que toutes les larves de Coléoptères, la larve de la Bruche passe au bout d'un certain temps de l'état de ver à celui de nymphe ; elle cesse alors de manger. Mais, avant de subir cette transformation, elle a soin de ronger la pellicule extérieure du pois, et si le pois n'est point écossé, elle ronge également l'épaisseur de la cosse devenue par la dessiccation, aussi dure que du parchemin. Si elle n'accomplissait pas ce travail avant de se changer en nymphe, la race des Bruches cesserait d'exister; car la Bruche à l'état d'insecte parfait n'est pas pourvue d'organes propres à ouvrir la porte de sa prison; elle y mourrait donc, sans postérité, si sa larve n'avait eu soin de lui ménager les moyens d'en sortir. Les trous ronds que vous voyez à l'extérieur d'un pois ou d'une fève dans laquelle une larve de

Bruche a vécu, n'ont donc pas été percés par la Bruche arrivée à tout son développement et pressée d'aller prendre l'air ; ils l'ont été par la larve à laquelle je ne prétends pas, certes, attribuer avec certitude la prévision de ce qui doit lui arriver après sa dernière métamorphose, mais dont l'instinct, semblable à de la prévoyance quant à ses résultats, n'en est pas moins un fait d'histoire naturelle des plus curieux.

§ 5. — Un enfant demanda par quel moyen ce fait avait pu être constaté.

— Constatez-le vous-même, mon ami, dit l'instituteur. Voici une fève percée dans laquelle il y a une larve de Bruche. Collez solidement sur l'ouverture un morceau de papier. Dans quelque temps d'ici, en ouvrant cette fève en deux, vous y trouverez la Bruche morte de faim, faute d'avoir pu franchir cet obstacle, bien plus faible pourtant que la peau de la fève elle-même.

J'arrive à la réponse relative aux semailles de pois percés. Lorsqu'on sème une graine quelconque, la partie de cette graine qui devient la jeune plante existe d'avance au centre de la graine ; dans un pois ou dans un haricot renflé dans l'eau avant d'être semé, cette partie est très-visible, c'est ce qu'on nomme vulgairement le germe. La Bruche, tout en rongeant les deux côtés de la semence, ne touche pas au germe ; les pois percés par la larve de la Bruche peuvent donc lever aussi bien que les autres. A la vérité, les plantes auxquelles ils donneront naissance seront moins robustes dans les premiers temps de leur existence que si les pois semés avaient été intacts ; mais si, comme j'ai eu soin de le faire, on a choisi pour semer les pois la terre qui leur convient, et qu'on y ait ajouté en les semant un peu de cendres de bois ou de houille, le succès des semailles n'en sera pas compromis.

— Je ne m'explique pas, monsieur, dit un élève, pourquoi, dans votre provision de pois secs destinés à la cuisine, il n'y a presque pas de pois percés, tandis que ceux que vous avez réservés pour semence, le sont presque tous.

§ 6. — Votre remarque est juste, mon enfant, et il y a

là une différence qui a dû, en effet, vous frapper. C'est tout simplement que j'ai échaudé à l'eau bouillante les pois de ma provision de ménage, ce qui a tué les œufs de Bruche et les jeunes larves que ces pois pouvaient contenir. Je n'ai pas pu user du même moyen de préservation à l'égard des pois de semence; car, en tuant les larves des Bruches, j'aurais tué du même coup les germes des pois, qui, si je les semais en cet état, ne lèveraient pas. Je n'ai pas, d'ailleurs, confié à la terre les pois les plus fortement endommagés par les larves des Bruches; j'ai fait choix de ceux qui, bien que plus ou moins attaqués, me semblaient encore propres à donner naissance à de bonnes plantes; dans quelques jours d'ici vous verrez que mon attente n'aura pas été trompée, et que presque tous mes pois percés n'en lèveront pas moins.

Ainsi vous voyez, mes amis, que, lorsqu'une provision de pois destinés à la cuisine n'est pas plus considérable que la mienne, en plongeant les pois pendant quelques secondes seulement dans de l'eau bouillante et les faisant ensuite sécher à l'air libre, on les préserve des ravages de la Bruche; vous voyez aussi que, quant aux pois de semence qu'il n'est pas possible de soumettre au même traitement, le dommage causé par la Bruche est en réalité moins grave qu'il ne le paraît.

La Bruche attaque, outre les pois et les fèves, les vesces, la jarosse et les lentilles. Dans la grande culture, il serait difficile de trier ces graines pour en éliminer à l'époque des semailles celles qui semblent trop attaquées; le cultivateur, lorsqu'il les voit fortement endommagées par la Bruche, se borne à semer un peu plus épais, en ajoutant un cinquième ou même un quart à la quantité de semence qu'il emploie habituellement.

§ 7. — En ce moment, un des plus jeunes élèves secoua vivement la manche de sa veste, et en fit tomber à terre un insecte qu'il s'empressa d'écraser.

— Quel est, dit l'instituteur, l'insecte qui paraît vous causer tant de répugnance, et que vous avez tué avec tant de précipitation?

— Monsieur, dit l'enfant, c'est une fort vilaine bête, aussi malfaisante que dégoûtante; c'est, ou plutôt c'était un Perce-oreille.

— Je suis bien aise, mes amis, dit l'instituteur, que l'occasion se présente de rectifier vos idées au sujet de cet insecte, et de vous montrer combien sont vaines et mal fondées les terreurs qu'il vous inspire. Le Perce-oreille est par rapport à l'homme aussi parfaitement inoffensif que possible, je vous en réponds.

— Il n'est donc pas au nombre des insectes nuisibles? dit un élève.

— Si fait, vraiment! Il aime passionnément les fruits mûrs, et si l'on ne prend soin de lui donner la chasse, il dévore les pêches et les abricots venus sur les arbres en espaliers même avant que ces fruits soient assez mûrs pour pouvoir être livrés à la consommation. Il a, de plus, le tort impardonnable pour ceux qui, comme moi, se plaisent à cultiver les fleurs, de ronger les boutons et les fleurs à demi épanouies des œillets pour lesquels il paraît avoir un goût tout particulier. Nous sommes donc fondés à le regarder comme très-nuisible aux produits du jardinage; mais j'affirme qu'il ne fait directement aucun mal à l'homme : il ne faut laisser calomnier qui que ce soit, pas même le Perce-oreille, dont le véritable nom est Forficule.

§ 8. — Que signifie ce mot, je vous prie?

— Il vient du latin et veut dire *petite pince*, parce qu'en effet son corps se termine par deux crochets qui figurent les deux parties d'une pince dont l'insecte se sert pour sa défense quand il est attaqué. Vous avez pu remarquer, car l'insecte est si commun que presque involontairement, ses allures doivent vous être connues, qu'en cas de danger, la Forficule redresse la partie inférieure de son abdomen, et qu'elle peut se servir de ses pinces comme d'une arme à la fois offensive et défensive; mais elle ne s'en sert jamais contre l'homme.

— Ainsi, monsieur, dit un élève, si nous nous endormons par imprudence sur le gazon, dans un lieu fréquenté par les Forficules, nous n'avons pas à craindre, comme mes camarades et moi l'avons cru jusqu'à ce moment, que les Forficules entrent dans nos oreilles pour en percer le fond et nous tuer en pénétrant dans le cerveau?

— C'est un pur préjugé, mon enfant ; si par inadvertance une Forficule entrait dans votre oreille, elle se hâterait d'en sortir, car elle n'y saurait vivre, et l'humeur grasse qui en tapisse l'intérieur la tuerait infailliblement.

— Alors, monsieur, d'où vient, je vous prie, ce nom de Perce-oreille, et pourquoi le préjugé, puisque vous assurez que c'en est un, est-il si généralement répandu ?

— L'origine du préjugé, mes amis, est très-probablement la même que celle du nom. Depuis la fin du quinzième siècle, une mode venue d'Espagne et d'Italie s'était introduite et généralisée en France ; je parle de l'usage pour les personnes des deux sexes de se faire percer les oreilles et d'y porter des anneaux d'or avec divers ornements ; cette mode n'est pas encore complétement abolie. Les bijoutiers se servaient pour percer les oreilles d'un instrument de forme exactement semblable aux appendices de la Forficule ; cet instrument se nommait un perce-oreille ; il est plus que probable que le nom vulgaire de l'insecte vient du nom de l'instrument destiné à percer les oreilles. De là à en conclure que la Forficule perce réellement le fond de l'oreille et cause ainsi la mort, il n'y avait qu'un pas ; mais, en fait, cela n'est pas et ne peut pas être.

§ 9. — Maintenant, mes amis, poursuivit l'instituteur, en ouvrant une des boîtes vitrées renfermant sa collection d'insectes, nous allons à loisir étudier les Forficules.

— Est-ce que l'insecte que vous venez de prendre dans cette boîte est une Forficule ?

—C'en est une, de tout point semblable à celle que vous avez écrasée tout à l'heure.

— Voilà, monsieur, dit l'enfant, ce qu'il m'est difficile de croire ; car l'insecte que vous me montrez là est pourvu d'une paire d'ailes de très-grandes dimensions, tandis que le Perce-oreille commun n'en a pas.

— C'est-à-dire, mon enfant, que vous pensez qu'il n'est point ailé, parce que vous ne l'avez jamais vu voler ; en effet, pendant le jour il se contente de marcher ; mais, la nuit, il vole avec une très-grande activité. Quant à ses ailes, il les tient pendant le jour soigneusement cachées sous ses élytres, ce qui vous avait empêché jusqu'ici de les apercevoir

voir. Dans cet échantillon conservé, j'ai déplié les ailes, fort grandes, comme vous voyez, afin de rendre visibles les caractères par lesquels la Forficule se rattache, comme la Courtilière, dont elle est assez proche parente, à la famille importante des Orthoptères. Elle ne subit pas de métamorphoses à proprement parler; elle change seulement de peau trois fois avant de prendre des ailes, et c'est pourquoi, par parenthèse, on voit souvent des Forficules aussi grosses que celle-ci, et qui n'ont pas d'ailes.

§ 10. — Il me reste à vous parler de l'instinct des Forficules, au sujet desquelles des naturalistes très-sérieux ont cru et affirmé des choses à peu près aussi étranges, et je dois le dire, aussi peu fondées que les erreurs populaires sur les Perce-oreilles. On a raconté des détails extrêmement pathétiques au sujet de l'attachement des Forficules pour leurs petits; un seul fait reste vrai, et il est assez remarquable pour vous être signalé. La Forficule femelle pond ses œufs, non dans un trou creusé à dessein ou dans un nid préparé d'avance, comme la Courtilière, mais sous une pierre, sous un tas de feuilles mortes ou dans une situation de ce genre. Si l'insecte voit roder autour quelque animal qui lui semble menacer l'espoir de sa postérité, il emporte ses œufs et leur cherche un autre asile. Mais, là paraît se borner sa sollicitude maternelle; les jeunes Forficules, une fois nées, sont en état de pourvoir à tous leurs besoins; la mère ne paraît plus s'en occuper, et, en effet, elles n'ont plus besoin de son assistance.

—Sait-on, monsieur, pourquoi la femelle de la Forficule pense à la sécurité de ses œufs, tandis que les femelles des autres insectes, après avoir pondu, cessent de s'en occuper?

— Si vous réfléchissiez un peu aux notions que je vous ai données précédemment, mon ami, vous ne me feriez pas une pareille question; vous vous souviendriez que presque toutes les femelles des insectes qui ont été jusqu'ici le sujet de nos entretiens, meurent après avoir pondu et ne voient pas leur postérité, dont cependant elles assurent l'existence en déposant constamment leurs œufs à portée des substances qui doivent servir à la nourriture de leurs larves. Les grandes et intéressantes exceptions que présentent les Hyménoptères sociaux ont été l'objet de notre examen quand nous avons étudié la Guêpe et la Fourmi. La femelle de la Forficule, vous le comprenez, ne penserait pas à ses œufs si elle mourait après les avoir pondus, et l'on ne peut pas raisonnablement accuser d'indifférence les femelles des insectes que la brièveté de leur existence prive de l'avantage de se voir renaître dans leurs descendants.

§ 11. — Vous ne nous avez rien dit, monsieur, des moyens qui peuvent être mis en usage pour préserver des atteintes des Forficules les fruits et les fleurs de nos jardins?

— Je n'en connais qu'un, mes amis, mais il est d'un effet certain; je n'en ai jamais employé d'autre, et il m'a toujours suffi pour défendre mes œillets et mes fruits contre les Forficules; voici en quoi il consiste. J'emprunte au boucher, qui le plus souvent m'en fait cadeau, car il n'en tire aucun parti, les sabots des pieds de l'unique mouton qu'il tue ordinairement chaque semaine. Je les suspends aux baguettes qui servent de tuteurs à mes œillets, ou bien je les accroche de distance en distance aux branches des arbres en espaliers chargés de fruits à peu près mûrs. Tous les soirs, les Forficules, ailées ou non, attirées par l'odeur des sabots de pied de mouton qui paraît leur être particulièrement agréable, s'y donnent rendez-vous pour y passer la nuit. Cet insecte n'étant pas dans l'habitude de se lever matin, je le surprends aisément pendant son sommeil, et j'en détruis par ce moyen la plus grande partie; c'est le procédé que je vous conseille d'employer s'il vous arrive d'avoir à vous plaindre des Forficules.

Questionnaire.

Quel est l'insecte coléoptère qui rend stérile la fleur du framboisier? § 1.

Comment préserve-t-on le framboisier des atteintes de cet insecte? § 2.

Quels sont les caractères distinctifs de la Bruche des pois? § 3.

Quelle preuve particulière d'instinct donne la larve de la Bruche? § 4.

Pourquoi les pois percés par la larve de la Bruche peuvent-ils être utilisés comme grains de semence ? § 5.

Quelles sont les plantes autres que les pois, dont les graines peuvent être attaquées par la Bruche ? § 6.

De quelle manière le Perce-oreille ou Forficule peut-il nuire aux produits du jardinage ? § 7.

Quelle est l'origine des mots Perce-oreille et Forficule ? § 8.

Quels changements subit le Perce-oreille pendant sa croissance ? § 9.

Pourquoi le Perce-oreille paraît-il privé de la faculté de voler ? § 10.

Quel soin particulier prend de ses œufs la femelle du Perce-oreille, après la ponte ? § 138.

Comment préserve-t-on les fruits et les fleurs des attaques du Perce-oreille ? § 11.

www.ingramcontent.com/pod-product-compliance
Ingram Content Group UK Ltd.
Pitfield, Milton Keynes, MK11 3LW, UK
UKHW021059260726
13994UKWH00002B/588